わかばちゃんと学ぶ
Webサイト制作の基本

Windows Mac対応!

湊川あい 著

C&R研究所

Wakaba
わかばちゃん

Extreme beginner

…で、何から
始めればいいんだっけ？

本　名	伊呂波（いろは）わかば
夢	Webデザイナーになること
一人称	私
性　格	マイペース・インドア派

超がつくほどのWebデザイン初心者。
パソコンでネットショッピングをしたり、動画を見たりするのは
好きだけど、Webページ制作の知識は皆無。

普段はマイペースだけど、言語たちが個性派揃いのため、
ツッコミ役になるはめに!?

実は、盆栽とダジャレが趣味。

こちらの書籍にも登場しています！

HTML
エイチティーエムエル

Hyper Text Mark up Language

シンプルで
わかりやすいのが
一番だよね！

生まれ	1989年　スイス生まれ
役割	文書の構造化
一人称	僕
性格	素直・単純・能天気

スイスのジュネーブにある研究機関「CERN」で
ティム・バーナーズ=リーにより育てられた女の子。

何事もストレートに伝える、わかりやすい性格。

服がシンプルなのは、
「HTMLはシンプルなほうがいいから」
という信念があるため。

わかばちゃんにWebデザインを
一生懸命教えるけど、ドジな面もちらほら。

CSS
シーエスエス

Cascading Style Sheets

この私が
飾り付けてあげるわ

生まれ	1994年　スイス生まれ
役割	Webページの飾り付け
一人称	私
性格	おませさん・自称アイドル

おしゃれをすることが大好きな、
自称ネットアイドルの女の子。

HTMLちゃんにいろんな服を着せるのが
日々の楽しみ。

飾り気のないHTMLちゃんを見ていると、
ついデコレーションしたくなって
しまうんだとか。

勝ち気な性格だけど、
意外と上下関係は気にするみたい。

JavaScript
ジャバスクリプト

なんじゃ、呼んだか？

生まれ	1995年　アメリカ生まれ
役割	Webページに動きを付けるなど
一人称	わし
性格	神出鬼没・飄々としている

アメリカの会社、ネットスケープコミュニケーションズにて誕生。想定外の言動で周囲を驚かせる、エキセントリックな存在。

HTMLとCSSの扱いに長けており、二人からは「JavaScriptさん」と呼ばれ慕われている。

PHP
ピーエイチピー

PHP: Hypertext Preprocessor

そんなデータない…
データベースが言ってる

生まれ	1994年
役割	Webアプリケーションの開発
一人称	PHP
性格	冷静沈着・現実的

いつも手に持っているデータベースさんと会話をしている。
実はYahoo!やGREEといった大きなサイトを動かしているツワモノ。

Webサイト制作で使われている主な言語たちの関係図

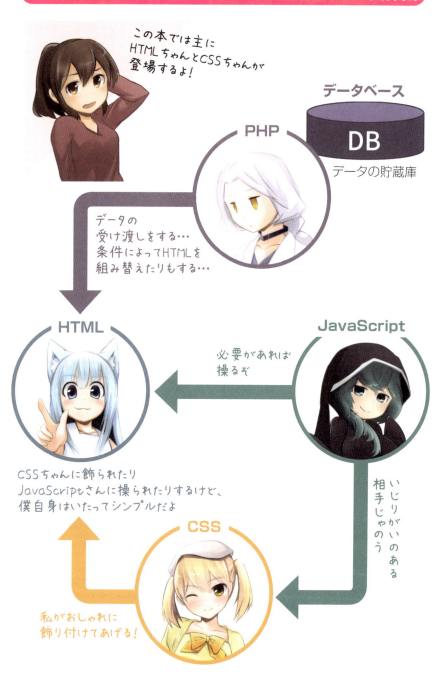

はじめに

🌱 せっかく学ぶなら、楽しい方がいい

「いきなり文字ばかりのコーディングの解説だと、気が引けてしまう」
「でも、マンガなら、読んでみてもいいかな」
そんな方のために、**キャラクターがわいわいしているのを眺めているだけで、自然とWebサイトが作れる**本を作りました。

- 個性的なキャラクターたちが登場する4コマ
- 感覚的にわかる図解
- 適度な量のコーディングの実践

上記3つの特長で、Webサイト制作の基本を無理なく学べます。

🌱 こんな方にオススメ

- 将来Webデザイナーになりたい
- 個人でWebページを作って集客したい
- いきなりWeb担当に任命されてしまったから、勉強する必要がある
- 制作会社の営業担当だから、制作側のことも知っておきたい

 私、まったくの初心者なんだけど、大丈夫かしら?

 心配無用! むしろ大歓迎だ!

 私たちが最初の一歩から教えるから、今までにHTMLやCSSをさわったことがなくても大丈夫よ。

🌱 **Webサイト制作の基本、全部入り！**

Webサイト制作の流れと、各章の対応は次の通りです。

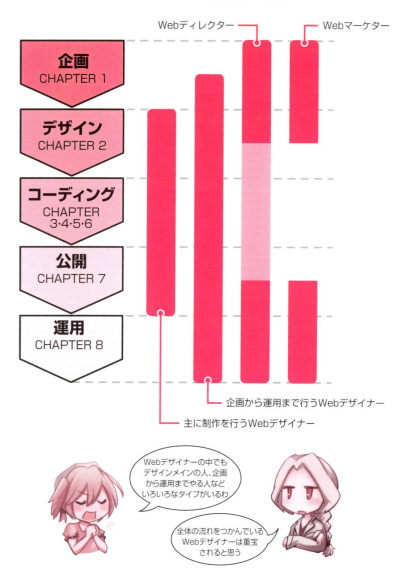

◆ 企画

　すべてのWebサイト制作は、企画から始まります。

　Webサイト制作というと、コーディング・画像編集などの実作業に視点が向きがちです。しかし、目的を定めてから作り始めたほうが、効果の高いWebサイトになるでしょう。

　あなたがもし、今運用しているWebサイトがあるならば、わかばちゃんと一緒に「私のWebサイトの目的ってなんだろう?」と考えながら読み進めてみてください。

◆ 制作

　HTML5とCSS3を始めるにあたって、最低限の基本だけを厳選して解説しています。

　7割がた完成しているWebサイトに、必要なソースコードを書き込んでいく形で、カスタマイズしながら楽しく学べます。

　本書で使うツールはすべて無料。サンプルデータも無料でダウンロードできます。

　また、簡単なJavaScript・jQueryにも触れることができます。PHPについてもさらっと知っておけます。

◆ 運用

　せっかく作ったWebサイトですから、たくさんの人に来てもらいたいですよね。

　本書では、公開した後に必要なことも解説しています。

- アクセス解析
- 検索エンジンの仕組みとSEO
- 効果が出ないときの考え方
- PDCAの回し方

　これらの知識は、実際にWebサイトを運用するときに心強い味方になってくれるでしょう。

　さぁ、主人公のわかばちゃんと一緒に、企画・制作・運用の流れを体験しましょう!

CONTENTS

- プロローグ …………………………………………………… 2
- 登場キャラクターと関係図 ………………………………… 4
- はじめに ……………………………………………………… 9
- サンプルコード中の▽について／
  サンプルのダウンロードについて／サンプルデータの使い方…… 16

CHAPTER 1
企画 〜どんなサイトになるかは企画で決まる!〜

01	Webサイトを作る目的を明確にしよう …………………… 18
02	ターゲットは誰？ 仮説を立てよう ……………………… 24
03	構成図を作ろう …………………………………………… 29
04	スケジュールを作ろう …………………………………… 33
COLUMN	Webデザインはマーケティングありき …………………… 39

CHAPTER 2
デザイン 〜企画に合ったデザインをしよう!〜

| 05 | ワイヤーフレームを作ろう ……………………………… 42 |
| 06 | 画像編集ソフトでデザインを作ろう …………………… 45 |

CHAPTER 3
HTML 〜文章や画像を貼り付けて、Webサイトの中身を作ろう!〜

07	インターネットでWebページが見られる仕組み ……… 54
08	HTMLってなに？ ………………………………………… 57
09	HTMLを迎える準備 ……………………………………… 63
COLUMN	Webページ制作の現場ではどんなソフトが使われているの？ … 67

CONTENTS

10	HTMLの基本構造	68
COLUMN	読みやすいソースコードにするには？	76
11	見出しと段落を作ろう	77
COLUMN	各部分の呼び方をさらっと知っておこう	83
12	リストでナビゲーションを作ろう	84
COLUMN	要素には親子関係がある！	88
13	リンクを付けよう	89
14	画像を挿入しよう	96
15	エリア分けしよう	99
COLUMN	コメントの書き方	105
16	CSS適用のための準備をしよう	106
17	表の作り方	110
COLUMN	table要素にはborder属性を設定しておくと吉	113
18	フォームの作り方	114
COLUMN	マンガでわかるカテゴリーとコンテンツ・モデル	121

CHAPTER 4

CSS ～その見た目、華やかにしてあげる！～

見た目を華やかにしよう

19	CSSってなに？	128
COLUMN	CSSにコメントを残したいときは？	132
20	カスケーディングってこういうこと	133
COLUMN	後ろに書いたものが優先される！　知っておきたいCSSの性質	135
21	CSSは外付けがテッパン	136
22	CSS外付けのメリット	140
23	HTMLファイルとCSSファイルを繋ごう	142
COLUMN	知っているとちょっとプロっぽい！　クロスブラウザ対応	148

CONTENTS

24 文字の大きさ・色を変えてみよう …………………………… 149
25 セレクタの詳細度　CSSには上下関係がある? …………… 156
COLUMN 詳細度は「階級ごとの人数」で考えよう………………… 169
26 パディングとマージンの違い ………………………………… 170
27 フロートで要素を回り込ませよう…………………………… 178
28 スマートフォンでも見やすくする方法 …………………… 184
COLUMN マンガでわかる文字化けの原因………………………… 190

CHAPTER 5
JavaScript ～まるで魔法?　動きを付けるのじゃ～

29 JavaScriptってなに?…………………………………………… 198
COLUMN その昔、JavaScriptは敬遠されていた? ………………… 203
30 jQueryってなに? ……………………………………………… 204
31 jQueryのプラグインを使ってみよう ……………………… 207
COLUMN Webデザイナーなら知っておこう!　ライセンスの話……… 216

CHAPTER 6
PHP ～できることの幅がグーンと広がる言語～

32 PHPってなに? ………………………………………………… 220
33 Webデザイナーもプログラミング言語を
　　　　　　　　　　　　知っておくといい理由 ………… 226
COLUMN 他にもある!　Web制作に使われている言語 ………… 228

CONTENTS

CHAPTER 7
公開 〜ついにWeb上に公開だ!〜

- 34 Webサーバーを借りよう ……………………………………… 230
- 35 ファイルをアップロードしよう ……………………………… 235
- COLUMN Windows OSが32ビット版か64ビット版か確認する方法 … 244
- 36 Webサイトが公開されたか確認しよう ……………………… 245

CHAPTER 8
運用 〜Webサイトは公開してからが本番〜

- 37 アクセス解析をしてみよう …………………………………… 248
- COLUMN ページビューのからくり ……………………………… 266
- 38 検索結果の上位に表示するには?〜正攻法のSEO ………… 267
- COLUMN 検索エンジンは人間に近付こうとしている!? ……… 275
- 39 Webサイトの効果が出ないのはなぜ? ……………………… 276
- COLUMN 他にもある! お役立ちフレームワーク …………… 280
- 40 PDCAサイクルを回して効果の出るWebサイトにしていこう … 282

- ● エピローグ ……………………………………………………… 287
- ● おわりに ………………………………………………………… 295
- ● 索引 ……………………………………………………………… 300

15

❦ サンプルコード中の▼について

　本書に記載したサンプルコードは、誌面の都合上、1つのサンプルコードがページをまたがって記載されていることがあります。その場合は▼の記号で、1つのコードであることを表しています。

❦ サンプルのダウンロードについて

　本書で紹介しているサンプルデータは、C&R研究所のホームページからダウンロードできます。本書のサンプルを入手するには、次のように操作します。

❶「http://www.c-r.com/」にアクセスします。
❷ トップページ左上の「商品検索」欄に「194-8」と入力し、[検索]ボタンをクリックします。
❸ 検索結果が表示されるので、本書の書名のリンクをクリックします。
❹ 書籍詳細ページが表示されるので、[サンプルデータダウンロード]ボタンをクリックします。
❺ 下記の「ユーザー名」と「パスワード」を入力し、ダウンロードページを表示します。
❻「サンプルデータ」のリンク先のファイルをダウンロードし、保存します。

サンプルのダウンロードに必要なユーザー名とパスワード
- ユーザー名　webmg
- パスワード　mt85e

※ユーザー名・パスワードは、半角英数字で入力してください。また、「J」と「j」や「K」と「k」などの大文字と小文字の違いもありますので、よく確認して入力してください。

❦ サンプルデータの使い方

　本書では、ある程度、出来上がっているWebサイトをカスタマイズしながら、HTML・CSS・JavaScriptを学んでいきます。

　ダウンロードファイルは、ZIP形式で圧縮されています。解凍すると、「実践用」「素材」「完成版」「プチレッスン」のフォルダがあります。

- 実践用……メインで使うサンプルデータです。
- 素材……Webサイトの一部に使う原稿と、途中経過のデータが入っています。
- 完成版……Webサイトが完成したときのデータです。
- プチレッスン……170～183ページで使うサンプルデータです。

随時、どのファイルを使うか説明していくよ。

CHAPTER 1
企画
～どんなサイトになるかは企画で決まる!～

SECTION 01 Webサイトを作る目的を明確にしよう

1 企画〜どんなサイトになるかは企画で決まる！〜

webデザインといえば「見た目を作ること」という印象があるかもしれませんね。

いくらかっこよくて華やかなサイトでも、目的が定まっていないと効果が出にくくなります。一方、目的をしっかり押さえた上で制作したwebサイトは、「売上が上がる」「申込が増える」など、狙った効果が出やすくなります。

「このwebサイトの目的は何なのか？」を定めてから作り出しましょう。

まず目的を決めるところから

Webサイトを作るために必要な要素は何でしょうか。
- 配色やレイアウトを決めること
- 画像編集ソフトで画像を作ること
- HTMLやCSSでコーディングすること

上に挙げたものには、共通する前提があります。それは、目的を達成することです。

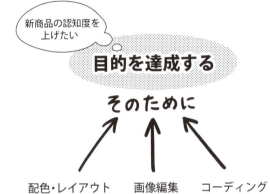

目的なんて後でもいいじゃない。
早くかっこいいWebサイトを作ろうよ。

わかばちゃんは、Webサイトを作って何をやりたいの?

えっ!? そんなこといきなり言われてもわからないよ。

「Webサイトを作ること」が目的になってない? そもそも、Webサイトは目的を達成するための手段なんだ。

SECTION 01 ● Webサイトを作る目的を明確にしよう

🏷️ 目的を達成するための手段いろいろ

 たとえば、わかばちゃんがお菓子メーカーの社員だとする。
新発売のチョコレートをより多くの人に知ってもらうなら、どうする?

 こんな感じかしら?

目的　　　　　　　　　　　　　　**手段**

新発売のチョコレートを　　商品の魅力を伝える
より多くの人に知ってもらう　　　　　Webサイトを作る

目標
1週間で
5000個販売

 他には? Webサイト以外にも方法はあるはずだよ。

目的　　　　　　　　　　　　　　**手段**

新発売のチョコレートを　　商品の魅力を伝える
より多くの人に知ってもらう　　　　　Webサイトを作る

　　　　　　　　　　ツイッターなどの
　　　　　　　　　　　　　　　　　　SNSアカウントを運用する

目標　　　　　　　　　　　　　　　　CMを流す
1週間で
5000個販売　　　　　　　　　　　　　新聞に広告を入れる

　　　　　　　　　　　　　　　　　　ダイレクトメールを郵送する

　　　　　　　　　　　　　　　　　　置いてもらえる店舗を増やす

1 企画〜どんなサイトになるかは企画で決まる!〜

こうして考えてみると、Webサイト以外にもいろんな手段があるわね。

Webサイト自体はあくまで「手段」です。まず目的が存在し、その目的を達成するために効果の高い手段として「Webサイト」が候補に挙がってから、Webサイト制作が始まります。

Webサイトを立ち上げるときの参考になる！ 目的別Webサイトのタイプ

インターネット上に存在するWebサイトのほとんどは、目的があって作られています。そして、目的を達成するために最適な形を追い求めていくと、ある程度、パターンが浮かび上がってきます。たとえば、先ほどの例の「新発売のチョコレートの魅力を伝えるサイト」の目的は「商品の認知度をアップさせること」で、Webサイトの種類としては「プロモーションサイト」に分類されます。

他にも、商品の売上を伸ばしたい「ECサイト」や、会社の情報を伝えたい「コーポレートサイト」など、各目的に沿ったさまざまなWebサイトのタイプがあります。

Webサイトを企画するときの参考になるように、目的別にWebサイトのタイプを一部紹介するよ。

▼商品やサービスの認知度を向上させたい「プロモーションサイト」

SECTION 01 ● Webサイトを作る目的を明確にしよう

▼ブランドイメージを向上させたい「ブランディングサイト」

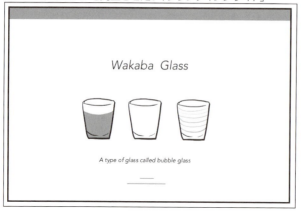

▼ネット上で商品やサービスを販売し売上を伸ばしたい「ECサイト」

▼店舗に足を運んでもらいたい「店舗サイト」

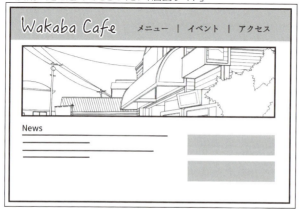

SECTION 01 ■ Webサイトを作る目的を明確にしよう

▼会社の情報を伝えたい「コーポレートサイト」

たしかに、「何となく作ってみました」というサイトよりも「目的を定めて作りました」というサイトのほうが、狙った人が来てくれそうだし効果が出そうね。

ところでわかばちゃん、目的は決まった?

そうだ! 私、オリジナルグッズがもっと売れるようにしたい!
自分でグッズを作ったはいいけれど、まったくと言っていいほど売れていないの。
目標数値は、そうねぇ、**最初の1カ月で2万円**は売りたいわ。

わかばちゃんの目的	オリジナルグッズを売る
目標数値	1カ月で売上2万円

目的が決まったことだしさっそく次のステップに進もう。

1 企画〜どんなサイトになるかは企画で決まる!〜

SECTION 02 ターゲットは誰？ 仮説を立てよう

1 企画〜どんなサイトになるかは企画で決まる！〜

目的はオリジナルグッズを売ること、目標数値は1カ月で売上2万円に決まりました。

あなたのwebサイトのお客様は誰でしょうか。お客様の姿が定まっていないままページを作り始めてしまうと、誰向けなのかわからないぼんやりしたwebサイトになってしまいがちです。

狙ったお客様がwebサイトを見たとき、「これは私のためのサイトだ」と思ってもらえるよう、あらかじめターゲットを設定しておきましょう。

あなたのWebサイトを使うのはどんな人?

あなたのWebサイトを使うのはどんな人でしょうか。どんな状況で、何を求めてやってくるのでしょうか。

ターゲットを定めておくことで、「このWebサイトは、誰に・何を提供するのか?」というサイトの立ち位置が明確になり、来てくれた人の心をつかめる良いWebサイトになります。

ターゲットを具体化してみよう

どんな人が、どんな状況で私のWebサイトを使うかを考えればいいのね。
とは言っても、どうやって考えればいいの?

そんなときはこれ！ **6W1H**という考え方の枠組みを使ってみよう。

▼6W1H

6W1H	意味
Who	誰のためのWebサイトか
When	いつWebサイトを使うのか
Where	どこでWebサイトを使うのか
What	何を提供するか
Whom	誰が提供するか
Why	なぜWebサイトを使うのか
How	どのようにWebサイトを使うのか

ねぇHTMLちゃん、6W1Hの具体例ってないの?
具体例があったほうが考えやすそうだわ。

それなら「マンガでわかるWebデザイン」のWebサイトの6W1Hを見てみよう。

SECTION 02 ● ターゲットは誰？　仮説を立てよう

▼Webサイト版「マンガでわかるWebデザイン」の6W1H

・将来Webデザイナーになりたいから
・Web系企業の営業職だからある程度Webの知識が必要
・いきなりWeb担当に任命されてしまったから　など

6W1H	意味	想定
Who	誰のためのWebサイトか	Webデザインを勉強したい、けれどもいきなり技術書を読むのは気が引ける人（Webデザインをこれから勉強しようと思っている学生の方・Web系企業で働いている営業職の方・いきなりWeb担当に任命されてしまった方）
When	いつWebサイトを使うのか	Webデザイン関連のわからない単語を検索したとき
Where	どこでWebサイトを使うのか	通勤時や通学時、電車の中でスマートフォンで・家に帰ってから、自宅のパソコンで
What	何を提供するか	4コママンガで楽しくWebデザインを学べるコンテンツ
Whom	誰が提供するか	現役Webデザイナーの湊川あいが
Why	なぜWebサイトを使うのか	Webデザイン関連の単語の意味や、Webデザインのノウハウを知りたいから
How	どのようにWebサイトを使うのか	「CSSの外付け」ってどういうことだ?→「CSS外付け」で検索→「CSSは外付け？　直書き？ - マンガでわかるWebデザイン」という記事が検索結果に表示される→マンガだとわかりやすい！他の記事も読んでみよう

◆ ターゲット設定とは、振り向いてほしい相手を決めること

　よくやってしまいがちなターゲット設定の仕方として、「20代女性」といった漠然とした決め打ちがあります。果たして、20代の女性は、全員同じ考え方・ライフスタイルで生活しているでしょうか。20代女性と一口で言っても、その中には大学生、専門学校生、会社員など、さまざまな人がいます。全国の20代の女性が皆同じ趣味を持ち、同じ行動をするということはないはずです。

「20代女性」というターゲット設定は、「20代の女性全員にモテたい」と言っているようなもの。ターゲットが広すぎると、何をどのようにアピールするべきかが曖昧になってしまいます。

だからこそ、振り向いてほしい相手の考え方やライフスタイルを詳しく知る必要があるのです。「その人の趣味は何?」「休日の過ごし方は?」「言われると嬉しいことは何?」「悩みはある? 日ごろ不安に思っていることは?」「どんな性格でどんな服を着ているのか」など、具体的に想像してみましょう。

たとえば、マンガでわかるWebデザインのターゲット設定の切り口はこんな感じです。

	興味あり (もしくは、仕事上、学ぶ必要がある)	興味なし
Webサイト制作に	♪😊	・・・😒
求めるレベルは	プロ級の仕上がり	まずは簡単なページを作って基本を押さえたい
選ぶなら	イラストが多めで感覚的に学べる本	文章メインでがっつり学べる本
マンガやアニメを	よく見る	あまり見ない ✕

どうでしょう、あなたに当てはまっていましたか。ターゲット設定を考えたら、友人や家族に見せてみましょう。「これって私に当てはまるかも」「うんうん、こういう人っているよね」と言われたら成功です。

SECTION 02 ● ターゲットは誰? 仮説を立てよう

実際にいそうな人・ありそうな状況を考えればいいのね。
さて、私も自分のショップサイトのターゲットと6W1Hを考えようっと!

▼「Web系グッズ Wakaba shop」の6W1H

6W1H	意味	想定
Who	誰のためのWebサイトか	Webデザイナーへのプレゼントを探している人
When	いつWebサイトを使うのか	Webデザイナーへのプレゼントで、何か良いものがないか考えているとき
Where	どこでWebサイトを使うのか	自宅のパソコンやスマホで
What	何を提供するか	Web系のネタがプリントされた、このショップにしか売っていないTシャツやマグカップ
Whom	誰が提供するか	Webデザイナーのたまごのわかばが
Why	なぜWebサイトを使うのか	Webデザイナーにあげて喜ぶものを知りたいから・良いものが見つかればプレゼントしたいから
How	どのようにWebサイトを使うのか	今度あの人の誕生日にプレゼントをあげよう→あの人はたしかWebデザイナーだったな→「Webデザイナー プレゼント」で検索→Wakaba shopを発見→購入

誰に何を提供するかがはっきりしているね。
なかなかいいんじゃないかな!

ターゲットがしっかり決まっていると、デザインの段階に入っても迷いなく作っていくことができそうね。

SECTION 03 構成図を作ろう

1 企画〜どんなサイトになるかは企画で決まる！〜

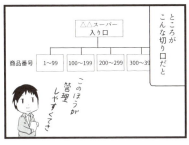

webサイトに来る人は、何かしらの情報や体験を求めてやってきます。
どこに何があるかわからないようなwebサイトだと、来た人はストレスを感じて帰ってしまいますよね。
そこで、「サイトの構成図」の出番です。
ページに来た人が迷わないよう、最適な切り口を用意してあげましょう。

SECTION 03 ● 構成図を作ろう

構成図はなぜ必要?

Webサイトに来る人は、何かしらの情報や体験を求めてやってきます。それなのに、どこに何があるかわからないようなWebサイトだと、来た人はストレスを感じて帰ってしまいますよね。

そこで、構成図の出番です。Webサイトに来た人が迷わないよう、最適な切り口を用意してあげます。

Webサイト全体の構成図を書くことで、**どんな内容のWebページが、どれくらい必要なのか**がわかるよ。

ターゲットが求めているものを洗い出す

まず、Webサイトに来るターゲットが何を求めているか、どんな疑問を持っているかを考えます。

たとえば、映画のプロモーションサイトだと次のような構成図になります。

▼新作映画のプロモーションサイトの例

ターゲットが求めているもの	それに対する切り口
この映画ってどんな話?	ストーリー
出演者は誰?	キャスト
監督は誰?	スタッフ
上映されている映画館は?	上映劇場

Webサイトに来る人の気持ちになりきって考えればいいのね。それじゃ、こんな感じでどうかしら?

▼わかばちゃんが考えた「Web系グッズ Wakaba shop」の例

ターゲットが求めているもの	それに対する切り口
おすすめのアイテムは何?	わかばおすすめコーナー
わかばちゃんの日常は?	わかばのブログ
わかばちゃんの趣味の盆栽が見たい!	盆栽紹介コーナー

わかばちゃん、これは本当にターゲットが求めていることなのかな?

私、ブログ書いてるから、せっかくなら来てくれた人に見ていってほしいなって。あと、趣味で盆栽もしてるし。

SECTION 03 ■ 構成図を作ろう

う～ん、かなり自分視点に寄っちゃってるな。
これじゃ、どこに何があるかわからないスーパーマーケットと一緒だよ。
そもそもWeb系グッズのWakaba shopに来る人は盆栽を見たくて来るの？

うっ…たしかにターゲットの中にはそんな人は少ないかも。

6W1Hを見直して、ターゲットの人物像をできるだけリアルにイメージしよう。
そうすればきっといい切り口が見つかるはずだよ!

▼わかばちゃんが考えた「Web系グッズ Wakaba shop」の例（改善版）

ターゲットが求めているもの	それに対する切り口
どんなアイテムがあるの？	アイテム一覧
誰がどんなコンセプトで作っているの？	このサイトについて
問い合わせ先は？	お問い合わせ

優先順位を付ける

　次に、情報の優先順位を付けましょう。Webサイトの目的とターゲットが見たいものとを掛け合わせて、先ほど作った切り口に優先順位を付けていきます。優先順位を付けることで、どこに・何を・どれくらいの面積で配置するかが決まってきます。

優先順位	切り口
1	アイテム一覧
2	このサイトについて
3	お問い合わせ

1 企画～どんなサイトになるかは企画で決まる！～

SECTION 03 ● 構成図を作ろう

✏️ サイト構成図を作る

サイトの構成をツリー状の図にしていきます。

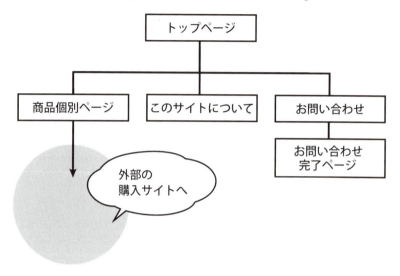

これから作るWebサイトにどんなページが必要かが具体的になってきたね！

SECTION 04 スケジュールを作ろう

1 企画 〜どんなサイトになるかは企画で決まる！〜

webデザイナーの種類は、大きく2つに分けられます。
1つはクライアント（顧客）の依頼を受けてwebサイトを作成するタイプ。
もう1つは自社内のwebサイトの作成・更新をするタイプです。

どちらにも共通して言えることがあります。それは、「期限までに公開・運用まで到達する必要がある」ということです。

webサイト制作には複数の人が関わります。webサイト制作を依頼するクライアントをはじめ、webプロデューサー、webディレクター、webデザイナー、コーダー、webプログラマーなど、専門性を持った人々でチームが構成されます。

案件の種類・規模によってチーム構成はさまざまです。企画から制作まで、一貫して少人数で行う場合もあります。

SECTION 04 ● スケジュールを作ろう

🖊 これから作るWebサイトのスケジュールを立ててみよう

　Webサイトの全体像が見えてきたら、スケジュールを作ります。このとき参考にしたいのが、WBSという計画の立て方です。

▼スケジュール表の例

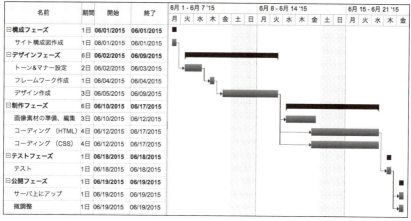

◆ WBSとは?

　WBSとは「Work Breakdown Structure」の頭文字を取ったもので、それぞれ次のことを表します。

- やるべきこと(Work)を
- 分解(Breakdown)した
- 構成図(Structure)

　「Webサイトを作る」という言葉だけだと、一体、何から始めればいいのかわかりません。そこで、制作行程を大きく切り分けてみます。

Webサイトを作る
　├─ 構成を考える
　├─ デザインを作る
　├─ 制作する
　├─ テストする
　└─ 公開する

これだけでも行程のイメージがつきやすくなりますね。ここから、さらに作業時間が明確になるレベルまでタスクを分解し、順番付けをしていきます。

階層の違うタスクを思い付くまま並べるのと違って、上の階層から順にタスクを洗い出すから、抜け漏れを減らすことができるのね。

大規模なWebサイトを作るプロジェクトの場合、タスクの数が100を超えるんだって！
大人数のチームでも、日単位で計画を確認できるWBSがあれば、安心して制作が進められるね。

スケジュール作成ツール「Gantter」

例として挙げたスケジュール表はGantter（ガンッター）という無料ツールで作成しています。

◆ Gantterのメリット

Gantterのメリットとしては、次のようなことが挙げられます。
- 操作がシンプルで簡単
- ネット上にファイルを保存できるサービス「Googleドライブ」と連動できる
- 作成したスケジュール表を他のユーザーと共有できる

◆ Gantterを使ってみよう！

次のように操作して、実際に使ってみましょう。

❶ Googleドライブ（https://drive.google.com/drive/）にアクセスします。
❷ Googleアカウントでログインすると、次のような画面になります。［新規］（**1**）をクリックし、［その他］（**2**）から［＋アプリを追加］（**3**）をクリックします。

SECTION 04 ● スケジュールを作ろう

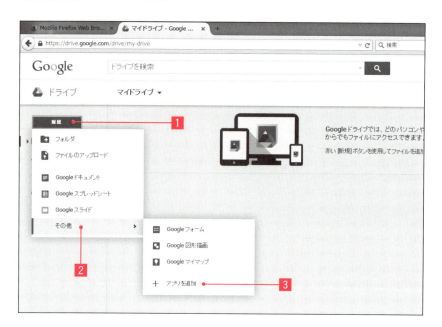

❸ 右上の検索窓に「gantter」と入力（1）します。

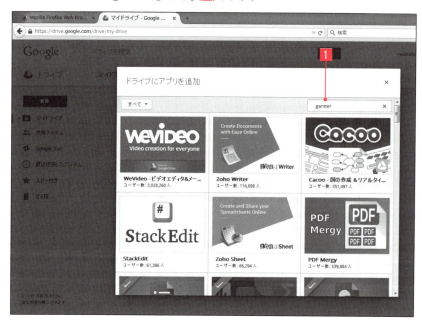

❹「Gantter for Google Drive」が表示されたら、[+接続]ボタン(**1**)をクリックします。

❺ Googleドライブのトップページに戻り、[新規] (**1**)をクリックし、[その他] (**2**)を見てみます。先ほど追加した[Gantter for Google Drive] (**3**)が現れているので、それをクリックします。

SECTION 04 ● スケジュールを作ろう

❻ タスク名・必要な日数を書き込んでいくことができます。作ったガントチャートはGoogleドライブ上に保存して、他のユーザーと共有することができるので便利です。

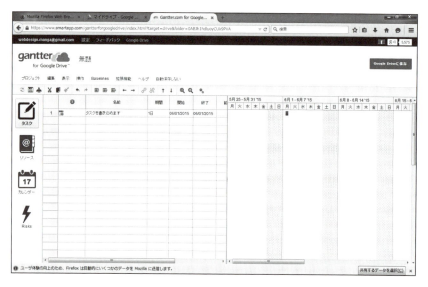

SECTION 04 ■ スケジュールを作ろう

COLUMN　Webデザインはマーケティングありき

　マーケティングとは、一言で言うと「自然にものが売れる仕組みを作る」ことです。私たちが普段、目にする商品は、必ずマーケティングという過程を通っています。お菓子、シャンプー、車、すべてマーケティングがなされた上で作られています。

　ひとくちにマーケティングと言っても、実はたくさんの段階があります。大きな流れを図にしました。

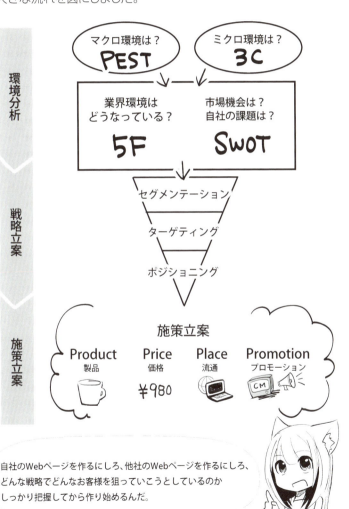

自社のWebページを作るにしろ、他社のWebページを作るにしろ、どんな戦略でどんなお客様を狙っていこうとしているのかしっかり把握してから作り始めるんだ。

SECTION 04 ● スケジュールを作ろう

　まず、PEST・3C・5F・SWOTといった考えるための枠組みを使い、「どんな市場に、どんなニーズがありそうなのか」「私たちはどんな価値を提供するのか」を何パターンも考えます。その後、「一番利益が出そうだ」と判断した戦略を、製品の特徴・価格・流通・プロモーションといった細部に落としこみます。その中で「インターネットを使う」という選択がなされたときに、Webデザイナーの出番となります。

　このときWebデザイナーに求められるのは、単に「Webサイトを作ること」だけでしょうか。求められているのは、Webサイトを作るWebデザイナーではなく、戦略を実行できるWebデザイナーです。

　マーケティングの知識と戦略全体を理解する力を持つWebデザイナーを目指したいですね。

デザイン
~企画に合ったデザインをしよう!~

SECTION 05 ワイヤーフレームを作ろう

家を作るときに設計図がないと、何をどこに配置するかわからなくて困ってしまいますよね。

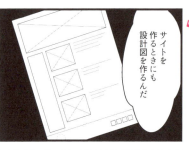

webサイトも同じで、ワイヤーフレームと呼ばれるwebサイトの設計図を作成します。
いきなりデザインを作り込んでしまってからだと修正に時間がかかります。
設計図をあらかじめ作っておくことで、「メニューの項目が足りていない」「必要なボタンがない」といった事態を避けることができます。

ワイヤーフレームは複数人でwebサイトを作るときにも役立ちます。
ワイヤーフレームを見せながら話をすれば、クライアントとの持つ完成イメージとの擦り合わせもできますし、新たなアイデアを引き出すきっかけにもなります。
また、webプログラマーと協力してwebサイトを作る場合、あらかじめどんな機能が必要か伝えておくことはとても重要です。
「そういえばこんな機能も欲しいんだよね」と後になって報告するよりも、あらかじめワイヤーフレームと一緒に共有しておいたほうが、webプログラマーも制作がしやすいのです。

ワイヤーフレームは極力シンプルに!

ワイヤーフレームとは、Webサイトのレイアウトを書いた図のことです。色の指定や装飾といったデザイン面のことは考えず、**何をどこに配置するのか**を決めていきます。

なんで色や装飾は入れちゃだめなの?

いきなりビジュアル面のデザインから入ると、本当に見せたいものは何なのかがあやふやになったり、使いやすさへの配慮が足りなくなる可能性があるからなんだ。
企画したWebサイトに与えられた**目的を達成すること**を考えながら作ろう。

Web系グッズショップ Wakabaのワイヤーフレーム

29ページで作った構成図を元に、どこに何を配置するか決めていきます。

Web上でワイヤーフレームが作れるツール「Cacoo」

ワイヤーフレームは紙に手書きで描くこともあります。ただし、ページ数が多い場合や、共有する人数が多い場合は、デジタル化しておいたほうが便利です。

おすすめのツールはCacoo（カクー）です。Web上で図の作成・共有ができます。Cacooを使えば、ドラッグ&ドロップするだけで感覚的に図を描くことができます。

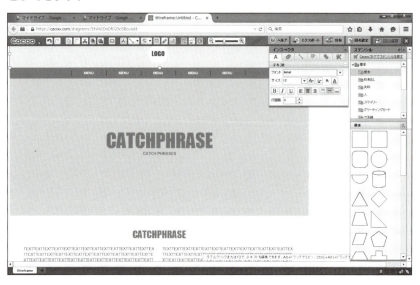

直接、Cacoo（https://cacoo.com/）にアクセスするか、35ページのGantterを使った手順と同様にして、Googleドライブから連携させれば使えます。

◆Cacooのメリット

Cacooのメリットとしては、次のようなことが挙げられます。

- 完全日本語対応
- ワイヤーフレーム用の素材が豊富
- テンプレートも豊富
- 作成したワイヤーフレームを他のユーザーと共有できる

SECTION 06 画像編集ソフトでデザインを作ろう

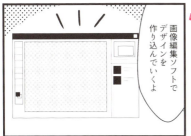

画像編集ソフトは、Photoshop（フォトショップ）やFireworks（ファイヤーワークス）、Illustrator（イラストレーター）が主に使われています。

自分好みのデザインを作るのはとても楽しいものです！

ただし、目的を持って作るwebサイトには、**ターゲットの存在**と**達成するべき目標数値**があります。

「ターゲットはどんな人で、何を求めてこのwebサイトに来るのか？」を常に頭の中に思い浮かべながら作っていきましょう。

2 デザイン～企画に合ったデザインをしよう！～

🖋 デザインが持つ役割

デザインが持つ役割は、大きく分けて2つあります。

◆ らしさはあるが、使いにくいWebサイト

たとえばターゲットにぴったりの見た目になっているWebサイトがあったとします。どれほど見た目が素敵だったとしても、トップに戻るボタンがどこにあるかわからないと、そのサイトを見て回る気が起きませんよね。

◆ 使いやすいが、らしさがないWebサイト

反対に、ページ間の移動が問題なくできる、使いやすいWebサイトがあったとします。ところが高級ジュエリーのWebサイトであるにもかかわらず、売上を上げたいがために赤と黄色ででかでかと「SALE!!」と書かれていたらどうでしょうか。ブランドイメージが壊れてしまいますね。

 使いやすさと**らしさ**、両方が揃って良いデザインと言えるんだ。

🖋 使いやすくする

使いやすくするためには、具体的にはどうすればいいのでしょうか。Webサイトを作るときに参考になる、代表的な表現のルールを紹介します。

◆ グルーピングする

下図の左の例は、価格が上と下のどちらの商品のものなのかがわからず、2通りに解釈できてしまいます。

改善するには、同じグループのものをくっつけて、違うグループのものとは余白を持たせます。こうすることで、文字がどの商品のことを指しているのかわかりやすくなります。

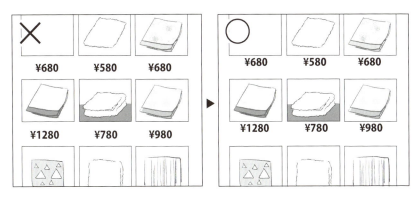

◆ 親子関係をはっきりさせる

下図の左の例は、メリハリがなく、読みづらい印象があります。

大項目・中項目・小項目を明示すると、メリハリが生まれ、読み手の構造理解が楽になります。

◆ 自然な発想に従う

社会で広く受け入れられており、私たちに習慣づいているデザインがあります。たとえば、「赤い蛇口はお湯が出るもの」「エアコンの上矢印のボタンは

温度を上げるもの」といった具合です。

「戻る・進むボタン」も、その一例です。ミュージックプレイヤーで巻き戻しをするときのボタンは、おおむね左矢印になっています。その習慣に逆らって、Webサイト上で戻るボタンを右に置いてしまうと「思った通りのページに行けない・違和感がある」となってしまうのです。

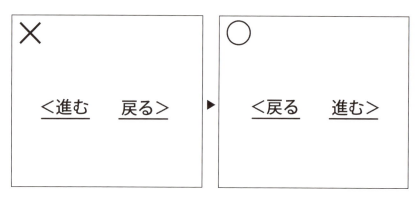

◆ ナビゲーションを付ける

すべてのユーザーがトップページからやってくるとは限りません。いきなり、商品の個別ページに飛んでくることもありえます。ユーザーにとっては、初めて入ったお店です。「あなたは今どこにいて、まわりには何があるのか」を見せてあげる必要があります。

その機能を果たすのがパンくずと呼ばれているナビゲーションです。これがあることで、マグカップを探しに来たユーザーが「他にも似た商品があるかな？食器カテゴリーまで行ってみよう」といった動きができるようになります。

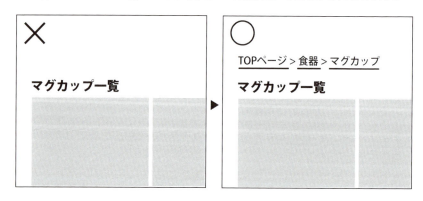

らしさを演出する

「らしさ」は、デザイン業界で**トーン&マナー**と呼ばれています。

◆トーン&マナーって具体的にどういうこと？

　自動販売機を想像してみてください。炭酸ジュースは爽やかなパッケージに、オレンジジュースはジューシーな果汁が溢れ出すようなパッケージに、健康茶は体に優しそうなアースカラーに包まれています。これが全部、何の装飾もない透明なペットボトルだったら、「おいしそう」「飲んでみたいな」という感情は沸き上がらないでしょう。

　トーン&マナーが成功しているものとしては、よくAppleが例に出されます。「Appleにどんな印象を持ちますか？」という質問すると、ほとんどの人が「最先端・美しい・クリーンなイメージ」など、同じイメージを口にすると思います。企業が見せたい印象・価値がしっかり伝わっている例ですね。

◆トーン&マナーの決め方

　トーン&マナーは次の2段階で決めるとよいでしょう。

1 商品の特徴を洗い出す
2 想起されるトーンを挙げていく

　1の段階では、商品が持つ特徴を詳しく洗い出していきます。たとえば、Wakaba shopだと、次のような特徴が洗い出せます。

- Tシャツやマグカップなど普段使えるもの
- Web系の仕事をしている人向け
- 男女問わず使える

　2の段階では、それぞれの要素から思い浮かぶトーンを考えていきます。

- Tシャツやマグカップなど普段使えるもの　→　気取らない
- Web系の仕事をしている人向け　→　フラットデザイン
- 男女問わず使える　→　中性的な色

これをもとに配色や細部のデザインを考えます。

SECTION 06 ● 画像編集ソフトでデザインを作ろう

2 デザイン〜企画に合ったデザインをしよう！〜

SECTION 06 ■ 画像編集ソフトでデザインを作ろう

2 デザイン〜企画に合ったデザインをしよう！〜

CHAPTER 3

HTML

〜文章や画像を貼り付けて、Webサイトの中身を作ろう！〜

SECTION 07 インターネットでWebページが見られる仕組み

普段、ネットショッピングやSNSを楽しんだりしているものの…

あらためて考えると、インターネットって不思議ですよね。

実は、インターネットをしているとき、あなたのパソコンはwebサーバーと繋がっています。地球上にある無数のwebサーバーが、必要なときに必要な分だけ、あなたのパソコンにデータを送っているのです。

📝 Webサーバーがデータを送ってくれている!

あなたが人気アイテムランキングのページを見たい場合、「洋服の画像」や「商品説明文」のデータが必要になりますよね。そのとき、インターネット上ではどのようなやり取りがなされているのでしょうか。

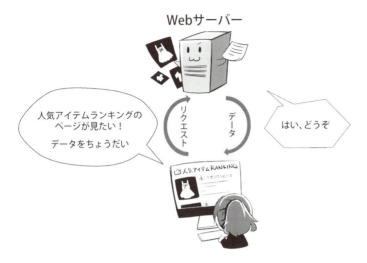

まず、表示するためのデータを持っている**Webサーバー**を、インターネットを通じて探し当てます。Webサーバーを見つけたら、「このデータをください」というリクエストがWebサーバーに送られます。最後に、要求されたデータを、Webサーバーがあなたのパソコンに送ります。

こうしたやり取りによって、Webページが表示されているのです。

新しいWebページを見ようとするたび、Webサーバーへリクエストが送られて、画像やテキストといったデータをもらっているんだ。

普段は意識していなかったけど、この繰り返しでネットサーフィンが楽しめているのね。

Webサーバーはどこにある?

Webサーバーは世界中のあちこちにあります。あなたがインターネットをするときに通信しているWebサーバーは、データセンターと呼ばれるサーバー置き場に置かれている場合もあれば、一般の自宅に置かれている場合もあります。

ビルの中 　　一般の住宅の中

たとえば、巨大Webサービス「Facebook」を支えているデータセンターは、北極圏に位置する北スウェーデンや、アメリカのオレゴン州の高地砂漠に建てられています(2016年4月時点)。多くのユーザーが投稿する、大量の画像や文章。それらを貯めておくために、たくさんのWebサーバーと広大な土地が必要なのですね。もしかしたら、タイムラインに流れてきた友達の画像は、海外のWebサーバーから送られてきたものかもしれませんよ。

SECTION 08 HTMLってなに?

時は1989年のスイス。CERN(セルン)は、何千人という科学者が出入りする大規模な研究機関です。あまりにも人数が多いため、「お互いの研究状況がわからない」「関連資料が探せない」という悩みがありました。

そこで、ティム・バーナーズ=リー氏が、情報整理のためにHTMLを作りました。彼は、研究所のメンバーが使えるサーバーにHTMLで作った文書を入れておき、欲しい情報を効率的に見られるようにしました。

関連する文書にジャンプできるリンク機能もついていたので、研究者達は大助かり。今で言うネットサーフィンの元祖が誕生したのです。

3 HTML〜文章や画像を貼り付けて、Webサイトの中身を作ろう!〜

SECTION 08 ● HTMLってなに?

ほとんどのWebページでHTMLが使われている!

HTML(エイチティーエムエル)とは、Hyper Text Markup Language(ハイパーテキスト・マークアップ・ランゲージ)の略で、Webページを作るための基本的なマークアップ言語です。HTMLは、私たちが普段、見ているWebページのほとんどに使われています。

◆ 試しにHTMLをのぞいてみよう

あなたがいつも使っているニュースサイトやネットショップ。どのページでもいいので、Webページ上で右クリックして、[ページのソースを表示(V)]をクリックしてみましょう。

わぁ！ 英語が出てきた！

これがHTMLのソースコードだよ。
Webサーバーから送られてきたHTMLのソースコードを、Webページを閲覧するためのソフトが人間に読みやすい形に変換して表示してくれているんだ。

HTMLでできること

HTMLでできることは、主に文書を構造化することとリンクすることです。それぞれ詳しく見てみましょう。

◆ 文書を構造化する

HTMLのM、マークアップとは印を付けるという意味です。印を付けるには、「＜＞」で囲まれたタグと呼ばれる記号を使います。

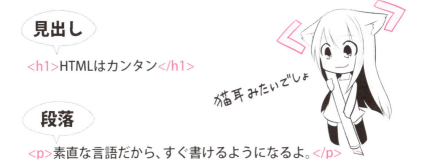

見出し
`<h1>HTMLはカンタン</h1>`

段落
`<p>素直な言語だから、すぐ書けるようになるよ。</p>`

猫耳みたいでしょ

「ここが見出し」「ここが段落」といった具合にタグで印を付けていくことで、Webページを本の中の1ページのように仕立てていきます。

HTMLちゃんの役割が、もともと**研究所の論文の情報整理をすること**だったと知っているとわかりやすいわね。

◆リンクする

文書中にリンクを貼っておくと、クリックすることで指定されたWebページに移動することができます。この機能を、Hyper Text Link（ハイパーテキストリンク）と言います。

文字をクリックすると行きたいWebページに飛べる。今となっては当たり前だけど、HTMLちゃんが作られた当時は、まさにハイパーな技術だったってわけね。

適切なマークアップを心がけよう

HTMLの目的は文書を読む人やプログラムに、文書の意味を適切に伝えることです。

その昔、Webページの見た目を担当する言語CSS（シーエスエス）がまだ広まっていなかったころは、表を作るためのHTMLタグを使って画像や文字をレイアウトしていました（CSSについては128ページ参照）。これでは、本当は表ではないデータを、HTMLで無理矢理「これは表だよ」と言ってしまっていることになります。

見た目はCSSにお任せして、HTMLでは文書の構成を表すことを心がけましょう。

適切にマークアップされていると何がいいの?

適切にマークアップされていると、具体的にはどんなメリットがあるのでしょうか。

◆ どんな環境でも使える万能データになる

Webページを表示するためのソフトの中には、文字情報を声で読み上げるものもあります。そのソフトは、見出しを読み上げる際に音が鳴って「ここが見出しだよ」ということをユーザーに伝えてくれます。このとき、見出しがきちんとマークアップされていないと、Webページの内容を上手く伝えることができませんね。

さらに近年では、腕時計型端末やゲーム機でもWebページを閲覧できるようになってきました。適切にマークアップされていると、パソコンやスマートフォンをはじめ、まだ見ぬ未来の機器でも使える可能性の高いデータになるのです。

SECTION 08 ● HTMLってなに?

◆ SEO（検索エンジン最適化）に繋がる

せっかく作るWebサイトです。GoogleやYahooをはじめとした検索エンジンで検索したとき、あなたのページが上位表示されていれば、多くの人が来てくれるでしょう（SEOについては267ページを参照）。あなたの作ったWebページが検索結果に掲載されるためには、検索エンジンの自動情報収集プログラム「クローラー」にあなたのWebページを見つけてもらい、Webページの内容を収集・記録してもらう必要があります。

そのとき、間違ったマークアップがされているとどうなってしまうでしょうか。検索者が求めている情報がせっかく載っているにもかかわらず、意図していなかった言葉で検索結果に表示されてしまったり、検索結果のはるか下位に表示されてしまったりする可能性があります。

正しくマークアップされていれば、クローラーにも文書の構成が伝わり、あなたが意図した形で検索結果に反映されるでしょう。

適切にマークアップされた文書は、人間だけでなくクローラーにも優しいのです。

HTML5ってなに?

HTMLには「HTML5」「HTML4.01」など、いくつかバージョンがあり、それぞれで使える機能やルールに違いがあります。

HTML5とは、従来のHTMLに便利な機能が追加されたものです。HTML5になって変更・廃止された仕様もあります。

◆ HTML5のメリット・デメリット

HTML5のメリットとしては、次の点が挙げられます。

- より明確に文書構造を示すことができるようになった
- 定型句がシンプルになった
- 新たな機能が使えるようになった（例：動画や音声データを埋め込めるようになった）

逆にデメリットとしては、次の点があります。

- ブラウザのバージョンによって、対応が十分でない場合がある

なお、本書ではHTML5を基準としたWebページ制作を解説していきます。

SECTION 09 HTMLを迎える準備

HTMLでwebページを作っていくための準備をしましょう。

「特別なソフトがいるんじゃないの？」
いえいえ、心配はいりません。用意するのはシンプルなソフト2つだけです。

1つはwebページを見るためのソフト「ブラウザ」。

もう1つは、文字のみのファイル（テキストファイル）を作成するためのソフト「テキストエディタ」です。

3 HTML〜文章や画像を貼り付けて、Webサイトの中身を作ろう！〜

SECTION 09 ● HTMLを迎える準備

必要なのはたった2つ

「HTMLファイルを作る」と聞くと、特別なソフトがいるように思いますよね。実は、身近な無料ソフトで簡単に作ることができるのです。

◆ ブラウザを用意しよう

知りたい言葉を検索したり、ネットショッピングをしたり、ニュースサイトをチェックしたり。そのときにあなたが使っているソフトがブラウザです。代表的なブラウザにはこのようなものがあります。

- Internet Explorer(インターネットエクスプローラー)
- Edge(エッジ)
- Safari(サファリ)
- Google Chrome(グーグルクローム)
- Firefox(ファイアーフォックス)

どのブラウザでも制作途中のWebページを表示して確認することができますが、本書ではWeb開発用のツールが豊富なGoogle Chromeを使ってWebページ制作を進めていきます。Google ChromeはGoogleの公式ページからダウンロードできます。

- **Chrome ブラウザ**
  URL https://www.google.co.jp/chrome/browser/desktop/

ブラウザは、HTMLの内容を解析して人に見やすいように表示してくれるんだ。

◆ テキストエディタを手に入れよう

Windowsに標準で用意されているメモ帳というソフトを使ったことはある方は多いと思います。テキストエディタは、メモ帳を便利にしたようなソフトです。

コーディングに使えるテキストエディタはいくつかありますが、その中でも無料で、かつ初心者の方におすすめなのがAtom(アトム)です。次のWebサイトからダウンロードしてインストールしましょう。

- **Atom**
  URL https://atom.io/

ファイル名の表示設定を変えておこう（Windowsの場合のみ）

次のように、ファイル名の後ろに「.」(ピリオド)＋英数字がついているのを見たことはありませんか。

- テキストファイルなら「メモ.txt」
- ワードファイルなら「レポート.doc」
- HTMLファイルなら「test.html」
- 画像ファイルなら「dog.jpg」

ピリオドで区切られた右側の部分を拡張子といいます。拡張子を見るだけで、「これはテキストファイルだな」「これはワードファイルだな」ということがわかるので便利です。

ところが、パソコンによっては「拡張子を表示しない」という設定になっていることがあります。

- メモ
- レポート
- test
- dog

これだと、どれが何の種類のファイルなのかわかりませんね。Webページをサクサク制作するために、次のように操作して拡張子の表示設定をしましょう。

❶ Windowsのマークのスタートボタンを右クリックし、[エクスプローラーを開く（P）]（**1**）をクリックします。

SECTION 09 ● HTMLを迎える準備

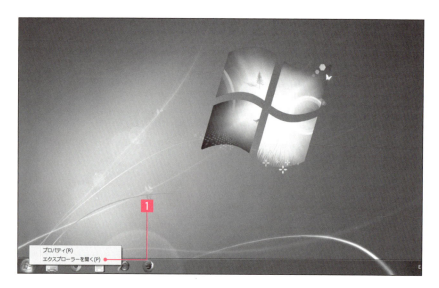

❷ ［整理］（）をクリックし、［フォルダーと検索のオプション］（）をクリックします。

❸ 「表示」タブ（）をクリックし、［登録されている拡張子は表示しない］（）の
チェックを外します。その後、［OK］ボタンをクリックしてください。

SECTION 09 ■ HTMLを迎える準備

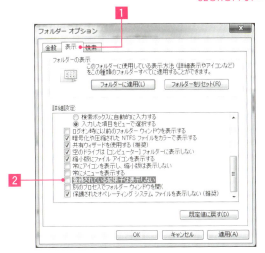

サンプルファイルをダウンロードしよう

　この本では、大方、出来上がっているWebサイトをカスタマイズしていくことでHTMLやCSSを覚えていきます。

　実習に使うデータを16ページを参考にダウンロードしておきましょう。ダウンロードしたZIPファイルは解凍し、Windowsの方は「マイドキュメント」フォルダ内に、Macの方は「書類」フォルダ内に保存しましょう。

 これでHTMLを迎える準備が整ったよ。次のページから実際にHTMLを触ってみよう。

COLUMN　Webページ制作の現場ではどんなソフトが使われているの？

　Atom以外に、Webページ制作の現場で特によく使われているソフトを紹介します。
- Brackets（無料）
- Visual Studio Code（無料）
- Coda（有料）
- Sublime Text（有料）

　Webページ制作に慣れてきたら、自分に合うエディタを探してみてもよいでしょう。

SECTION 10 HTMLの基本構造

3 HTML〜文章や画像を貼り付けて、Webサイトの中身を作ろう！〜

初めてのHTML。最初は得体の知れないもののように思えますが、中身を知ってしまえば簡単です。

head要素とbody要素、直訳するとそのまま「頭」と「体」です。
インターネット上のほとんどのwebページには「頭」と「体」が書かれていますよ。

これから作るページ

これからWeb系グッズショップ「Wakaba shop」のオリジナル商品の紹介ページを作っていくよ。完成するとこんな感じ！

おお～！ こんなページが私にも作れるのね！ 俄然やる気が出てきたわ。

HTMLには頭と体がある

HTMLファイルの中には、大きく分けて2つの部分があります。

◆HTML文書全体の情報を記述する「head要素」

head(ヘッド)要素内には、ページのタイトル名や、関連付けたい外部ファイル(CSSやJavaScript)を記述します(CSSは128ページ、JavaScriptは198ページ参照)。

ブラウザ上の見た目では、ブラウザ上部のタブにタイトル名が表示されます。

◆HTML文書の内容を記述する「body要素」

body(ボディ)要素内には、Webページ上に表示させたい文章や画像を書いていきます。

ブラウザ上の見た目では、Webページのコンテンツとなって見える部分です。

これが一番シンプルなHTMLだ

以上を踏まえて、一番シンプルなHTMLを見てみましょう。

▼item01.html　　　　　　　　　　　　　　　　　　　　SOURCE CODE

```html
<!DOCTYPE html> ←「この文書はHTML5で作られていますよ」という意味の宣言文
<html lang="ja"> ←すべての要素をhtml要素で囲む。日本語を指定
  <head>
    <meta charset="utf-8"> ←どの文字コード規格(190ページ参照)を使うか指定
    <title>ここにタイトルを書く</title> ←ブラウザのタブまたはタイトルバー
  </head>                                  に表示される
  <body>
  ここに表示させたい文章や画像を書く
  </body>
</html>
```

HTMLファイルに最低限必要な記述はこれだけだよ！
どう、簡単でしょ？

HTMLの構造はわかったけど、いきなりこれを全部書くとなると腰が引けちゃうなぁ。

たしかに最初はハードルが高いかもね。
そう思って、カスタマイズしやすいように商品紹介ページの骨組みだけ作っておいたよ。
そのHTMLファイルをあげるから開いてみてね。

SECTION 10 ■ HTMLの基本構造

テキストエディタで開いてみよう

早速、商品紹介ページのHTMLファイルの中身を見てみましょう。

❶ ダウンロードしたサンプルデータから「実践用」フォルダ(■)を開きます。

❷ 「item01.html」(■)があることを確認します。

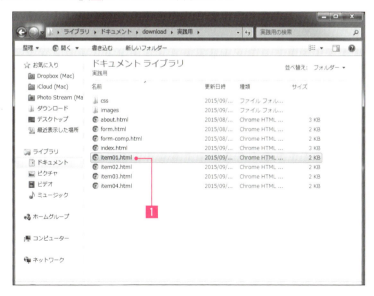

SECTION 10 ● HTMLの基本構造

❸「item01.html」をドラッグしてAtomのアイコンにドロップします(**1**)。

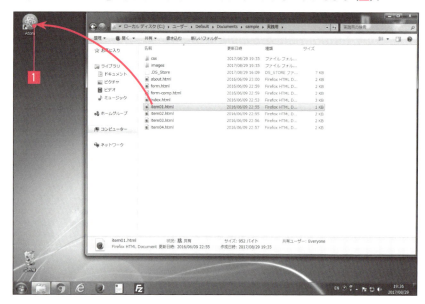

❹ 次のような画面になれば成功です。テキストエディタでHTMLファイルを開くことができました。

SECTION 10 HTMLの基本構造

ファイルの内容は次のようになっています。

▼item01.html **SOURCE CODE**

```html
<!DOCTYPE html>
<html lang="ja">
<head>
  <meta charset="utf-8">
  <title>HTMLストロングTシャツ | Wakaba Shop</title>
  <meta name="keywords"
    content="HTML,コーディングTシャツ,Webデザイナー,プレゼント">
  <meta name="description"
    content="HTMLへの愛を強調できる、コーディングTシャツです。
    Webデザイナーのお友達へのプレゼントとしておすすめ!">
</head>

<body>
  <div class="row">
    <div class="col harf">
      <img src="images/item_sample.jpg" alt="HTMLストロングTシャツ">
    </div>
    <div class="col harf">
      <h1>大見出し:商品名</h1>
      <p>ここに商品説明文を書き込もう。</p>
        <div>
          <p>
            <span>2,980</span>円(税込)
          </p>
          <a class="button" href="http://www.c-r.com/" target="_blank">
            販売サイトへ
          </a>
        </div>
    </div>
  </div>
  <p>Copyright &copy; Wakaba shop</p>
</body>
</html>
```

3 HTML〜文章や画像を貼り付けて、Ｗｅｂサイトの中身を作ろう！〜

SECTION 10 ● HTMLの基本構造

🖋 これをブラウザで開くと?

このソースコードをブラウザで見るとどのような表示になるか見てみましょう。

❶「item01.html」をドラッグしてGoogle Chromeにドロップします。

❷ ブラウザ上での表示を見ることができます。

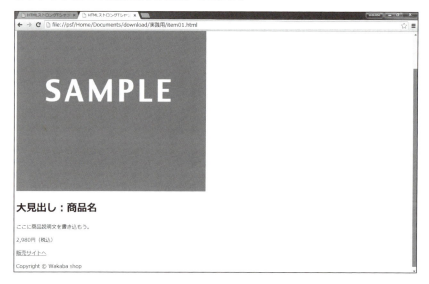

これで、テキストエディタ上のソースコードとブラウザ上での表示がどのように対応しているかがわかると思うよ。

<head></head>で囲まれた部分はどこに表示されているかというと…。
あ!「HTMLストロングTシャツ」というタイトルが、画面の上の方にあるタブに表示されているわね。
<body></body>で囲まれた部分は、ブラウザのメインエリアに表示されているわね。

そうだね。「大見出し:商品名」や「2,980円」という部分だね。これからこのHTMLファイルにソースコードを書き加えながら、楽しくカスタマイズしていこう。

▼完成図

COLUMN 読みやすいソースコードにするには？

HTMLタグをどんどん書いていくと、入れ子構造が複雑になってきます。HTMLの入れ子構造がひと目でわかるように、改行とインデント（字下げ）をしておく習慣を付けましょう。

▼改行とインデントを適切に使わなかった場合　**SOURCE CODE**

```html
<!DOCTYPE html>
<html lang="ja">
<head><meta charset="utf-8"><title>タイトル</title></head>
<body><h1>大見出し</h1><p>文章</p></body>
</html>
```

▼適切に改行とインデントを使った場合　**SOURCE CODE**

```html
<!DOCTYPE html>
  <html lang="ja">
  <head>
    <meta charset="utf-8">
    <title>タイトル</title>
  </head>
  <body>
    <h1>大見出し</h1>
    <p>文章</p>
  </body>
</html>
```

ブラウザ上での表示はどちらも同じですが、後者のほうが要素の親子関係がわかりやすいですね。

なお、字下げはタブでもスペースでも可能ですが、Googleのガイドラインでは**半角スペース2つ分**が推奨されています。本書でも半角スペース2つ分を採用しています。

SECTION 11 見出しと段落を作ろう

HTMLのソースコードを初めて見たとき、こう思いませんでしたか。
「〈p〉とか〈h1〉って一体何？ 略しすぎて意味がわからないんだけど」

でも何の略なのかわかれば大丈夫！

〈p〉は「段落」を意味する「paragraph」の略だったんですね。

「ここからここまでは段落ですよ」と指定するとき、いちいち〈paragraph〉〈/paragraph〉と書くのは面倒です。
そういうわけで、〈p〉〈/p〉で段落を表すというルールになっているのです。

SECTION 11 ● 見出しと段落を作ろう

ビフォー・アフター

商品名と商品説明文を追加してみましょう。

▼ビフォー

▼アフター

大見出しを作ろう

大見出しを作るにはh1要素を使います。

<ruby><h1><rt>エイチワン</rt></ruby>大見出し</h1>

見出しを表す要素はh1・h2・h3・h4・h5・h6まであります。1～6の数字は見出しの階層を表しています。h1が大見出し、h2が中見出し…というように、数字が大きいほど下の階層の見出しになります。「h」は見出しを表す英語の「heading」の略です。

段落を作ろう

段落を作るにはp要素を使います。「p」は段落を表す英語「paragraph」の略です。

<ruby><p><rt>パラグラフ/ピー</rt></ruby>文章</p>

改行しよう

改行するにはbr要素を使います。「br」は改行を表す英語「line break」の略です。

<ruby>
<rt>ブレイク/ビーアール</rt></ruby>

SECTION 11 ● 見出しと段落を作ろう

早速、編集してみよう

h1要素・p要素・br要素を使って、先ほどの商品紹介ページを編集してみましょう。

＜実践＞ 色付きの部分を描きこもう！ ▼item01.html

~省略~

```
<h1>HTMLストロングTシャツ</h1>
<p>Webページを作るのって楽しい、HTMLっておもしろい！そんな気持ちを表したTシャツです。<br>strong要素は強調するという意味を持っています。着ているだけでWeb制作に関わる人には意味が伝わるかも？</p>
```

~省略~

文章部分は、ダウンロードした「素材」フォルダの中の、genkou.txtからコピー＆ペーストすると楽です。

ブラウザで表示を確認してみよう

ソースコードの編集が終わったら、保存してからブラウザで見てみましょう。編集したところが書きかわっているでしょうか。

なお、上書き保存の方法は、次のようになります。

- Windowsの場合 …… 「Ctrl」キーを押しながら「S」キーを押す
- Macの場合 …… 「⌘」キーを押しながら「S」キーを押す

うまく表示されないときのチェックリスト

「ブラウザで見てみたら、なんだか表示がおかしいぞ」というときは、次の3点をチェックしてみてください。

◆ タグは半角英数字で打っていますか？

全角で打つとブラウザにHTMLタグだと認識してもらえないよ。文章の一部として表示されてしまうんだ。

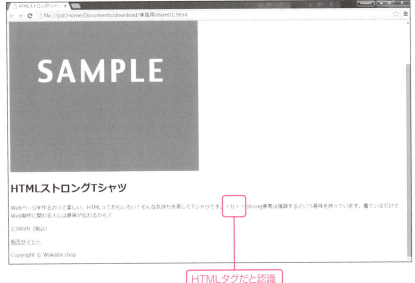

HTMLタグだと認識されていない

SECTION 11 ● 見出しと段落を作ろう

◆ 開始したタグをきちんと閉じていますか？

文章全体にh1要素がかかっちゃってるね。これだと「<h1>以降は全て大見出しです」と言っていることになってしまうよ。見出しが終わる箇所に</h1>を書き込んで閉じようね。

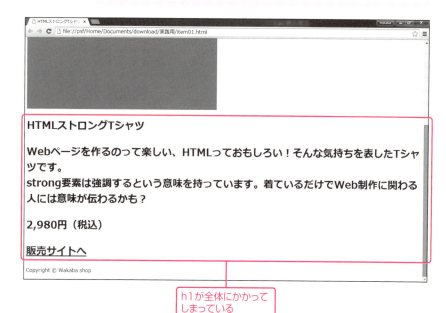

h1が全体にかかってしまっている

◆ ブラウザで見ているファイルと編集したファイルは同じですか？

　編集したはずのページが書きかわっていない場合、「ブラウザで見ていたのは別のファイルだった」なんていうことも。ブラウザで見ているファイルと編集しているファイルが一致しているか、今一度チェックしてみましょう。

COLUMN 各部分の呼び方をさらっと知っておこう

「タグや要素という言葉が出てくるけど、具体的にはどこの部分を指しているの?」

初めてのWebページ制作では、専門用語が盛りだくさんで混乱してしまうかもしれませんね。こちらのコードを例にして、各部分の名称を知っておきましょう。

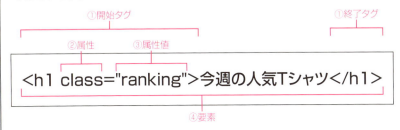

①タグ

「＜＞」で囲まれた部分を**タグ**と呼びます。

②属性

タグに追加的な情報を付けることができます。まったく使わないこともあれば、複数指定することもあります。この例だと「class」と書かれた部分が**属性**です。

③属性値

属性を与えるならば、**属性値**もセットで書いてあげる必要があります（一部、属性値が必要ない属性もあります）。この例だと「" "」(ダブルクォート)で囲まれた「ranking」が属性値です。

④要素

タグとその内容をまとめて**要素**と呼びます。

この例だと「 <h1 class="ranking">今週の人気Tシャツ</h1> 」で**1つの要素**です。

なお、開始タグと終了タグがないタグは**空要素**と呼ばれています。改行するときに使った
タグは空要素の1つです。

SECTION 12 リストでナビゲーションを作ろう

ul要素とli要素を使うと、リストを作ることができます。この要素を使うと、自動的に黒丸が表示されるのですが…

「黒丸が表示されるからp要素を使おう」これでは本末転倒です。もしp要素を使ってしまうと、「ここは段落だよ」と言っていることになってしまいます。

見た目は、後でCSSを使えばどうにでもなります！
HTMLを書くときは文書構造を第一に考えましょう。

SECTION 12 ■リストでナビゲーションを作ろう

ビフォー・アフター

別ページに移動するためのナビゲーションを作りましょう。

▼ビフォー

▼アフター

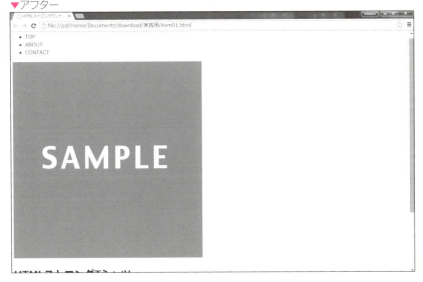

SECTION 12 ● リストでナビゲーションを作ろう

📝 リストを作ろう

ul要素とli要素を使えば、箇条書きのリストを作ることができます。「ul」は「Unordered List」の略で、「li」は「List」の略です。

```
              アンオーダードリスト/ユーエル
              <ul>
                   リスト
                <li>項目</li>
                <li>項目</li>
                <li>項目</li>
              </ul>
```

ul要素・li要素を使って、先ほどの商品紹介ページを編集してみましょう。

＜実践＞ 色付きの部分を書きこもう！　　　　　　　　▼item01.html

```html
～省略～

<body>
  <ul>
    <li>TOP</li>
    <li>ABOUT</li>
    <li>CONTACT</li>
  </ul>
  <div class="row">

～省略～
```

SECTION 12 ■ リストでナビゲーションを作ろう

ul要素とol要素の使い分け

今回はul要素を使いましたが、リスト作成用の要素としてもう1つol要素があります。どのように使い分けるのか見てみましょう。

◆ ul要素

ulは、前述の通り、「Unordered List」の略で、順序のないリストを作るときに使います。li要素の先頭には自動的に先頭に「・」が表示されます。

ソースコードの例	ブラウザ上の表示

`<h1>募集職種</h1>`
`<ul>`
`  <li>Webディレクター</li>`
`  <li>Webプログラマー</li>`
`  <li>Webデザイナー</li>`
`</ul>`
	募集職種
	・Webディレクター
	・Webプログラマー
	・Webデザイナー

◆ ol要素

olは「Ordered List」の略で、順序に意味があるリストを作るときに使います。li要素の先頭には自動的に「1.」「2.」「3.」…と番号が表示されます。

ソースコードの例	ブラウザ上の表示

`<h1>Webページ制作の流れ</h1>`
`<ol>`
`  <li>企画</li>`
`  <li>デザイン</li>`
`  <li>コーディング</li>`
`  <li>テスト</li>`
`  <li>運用</li>`
`</ol>`
	Webページ制作の流れ
	1.企画
	2.デザイン
	3.コーディング
	4.テスト
	5.運用

3 HTML〜文章や画像を貼り付けて、Webサイトの中身を作ろう！〜

COLUMN 要素には親子関係がある！

ここまで来ると、「HTMLって入れ子のようになっているのね」ということがわかってくると思います。ある要素がある要素を含み、その要素がさらに別の要素を含む…こういった入れ子の関係は親子関係に喩えられています。

たとえば、次のソースコードがあるとします。

SOURCE CODE

```
<body>
  <ul>
    <li>TOP</li>
    <li>ABOUT</li>
    <li>CONTACT</li>
  </ul>
<body>
```

ul要素がli要素が包んでいます。このときの親子関係は次の通りです。
- li要素から見ると、ul要素は親要素
- ul要素から見ると、li要素は子要素

さらに、ul要素をbody要素が包んでいますので、親子関係は次の通りです。
- body要素から見ると、ul要素は子要素

それでは、body要素から見たli要素は何になるでしょうか。それは、次の通りです。
- body要素から見ると、li要素は孫要素

子要素以下は、まとめて子孫と呼びます。上の例に当てはめるならば「body要素の子孫」は、「ul要素とli要素」ですね。

この親子関係の考え方は、CSSを使うときに特に役立ちます。覚えておきましょう。

SECTION 13 リンクを付けよう

皆さんも普段体験しているはず！「今いるページから別のページに移動できる」機能を付けてみましょう。
移動先のファイル場所の指定の仕方は2種類あります。

1つ目は相対パス。リンク元のファイル（あなたが今いる現在地）を起点に、リンク先ファイルのありか（移動したい場所）を指定する方法です。

2つ目は絶対パス。リンク先ファイルのありかを最初から最後まで指定する方法です。

SECTION 13 ● リンクを付けよう

別のページに移動できるようにしてみよう

ナビゲーションをクリックすると別のページに移動できるように、相対パスでWebページ同士を繋げてみましょう。相対パスは、Webサイトを作るときには必要不可欠な表記方法です。

◆これが相対パスを使ったリンクだ

リンクを付けるには、a要素を使います。「a」は「anchor」の略で、船の錨（いかり）や固定するという意味を持ちます。相対パスを使ったリンクは次のように書きます。

アンカー エイチレフ
`<a href="index.html">TOP</a>`

a要素を使って、先ほどの商品紹介ページを編集してみましょう。

＜実践＞ 色付きの部分を書きこもう! ▼item01.html

```
～省略～

<ul>
  <li><a href="index.html">TOP</a></li>
  <li><a href="about.html">ABOUT</a></li>
  <li><a href="form.html">CONTACT</a></li>
</ul>

～省略～
```

これで、item01.htmlから、以下のページへのリンクを貼ることができました。

- トップページ（TOP） ……………………… index.html
- Wakaba Shopについて（ABOUT）……… about.html
- お問い合わせ（CONTACT） ………………… form.html

SECTION 13 ■ リンクを付けよう

◆ 相対パスってどういうもの?

あなたのWebサイトをマンションに喩えてみましょう。

隣に住んでいる人を指すときに、わざわざ都道府県名から言わなくても「同じ階のHTMLちゃん」と言えば通じますよね。相対パスとは、今いる位置から見てどの階層に目的のファイルがあるかを示す方法なのです。

言葉だけだとわかりにくいと思いますので、図解で解説します。たとえば、このようなファイル構成のサイトがあるとします。

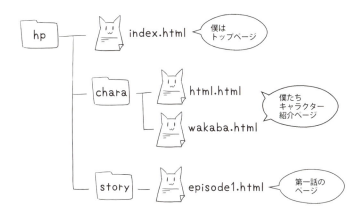

wakaba.htmlからhtml.htmlにリンクしたい場合は、次のように書きます。

```
<a href="html.html">
```

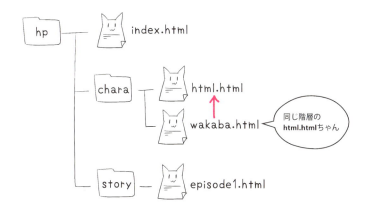

wakaba.htmlから、一階層下のindex.htmlにリンクしたい場合は、次のように書きます。

```
<a href="../index.html">
```

「../」と書くことで、**1つ階層をさかのぼれる**のですね。

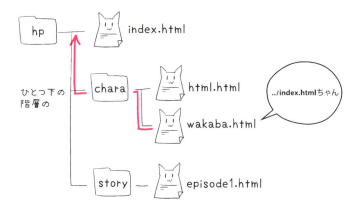

　では、wakaba.htmlからepisode1.htmlにリンクしたい場合はどうすればよいでしょうか。一度階層をさかのぼってからstoryというフォルダの中のepisode1.htmlを指定すればよいですね。つまり、次のように書けばOKです。

```
<a href="../story/episode1.html">
```

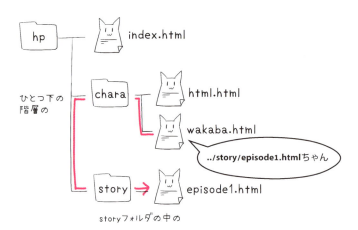

ちなみに、この本で作成しているWebサイト「Wakaba Shop」のHTMLファイルは、すべてて同じ階層にあるので、それぞれ次のように書けばリンクできます。

```
<a href="index.html">
<a href="about.html">
<a href="form.html">
```

◆ 相対パスのメリット

　相対パスのメリットとして、特にわかりやすい例が「Webサイトを引っ越ししたとき」でしょう。

　たとえば、あなたのサイト内のリンクが、すべて絶対パスで書かれていたとします。ある日、Webサイトを引っ越しすることになりました。引っ越しをすると、URLの先頭の部分がすべて変更になるため、今まで作ったWebページの絶対パスをすべて書き換えなければならなくなります。考えただけで大変そうですよね。サイト内リンクは相対パスで書くことをおすすめします。

外部サイトに移動したいときは

　インターネット上に公開されている外部サイトに移動したい。そんなときには絶対パスを使います。

◆ これが絶対パスを使ったリンクだ

　絶対パスを使ったリンクは次のように書きます。

```
<a href="http://www.c-r.com/">販売サイトへ</a>
```

◆ 絶対パスってどういうもの？

　ラジオのDJが「リクエストはwww.●●.comで受け付けています」と言っているのを聞いたことはありませんか。TシャツやグッズにURLが印刷されているのを見たことはありませんか。あの書き方が絶対パスです。

　絶対パスを住所に喩えると「日本/静岡県/浜松市/Aマンション/706号室のHTMLちゃん」となります。

あなたが同じ県、同じ地区の同じマンションにいる場合は「同じ階のHTMLちゃん」で通じますね(相対パス)。

しかし、あなたが北海道にいる場合、HTMLちゃんのところまでたどり着くには「同じ階のHTMLちゃん」だけでは情報不足です。住所を最初から最後までしっかり指定してあげて初めて、目的のデータがあるところまでたどり着けるのです(絶対パス)。

閲覧者がどこにいようと絶対的な位置を示すことができるのが絶対パスなのです。

◆リンク先を新しいタブで開くには？

a要素にはhref属性の他にtarget属性も指定できます。

```
<a href="http://www.c-r.com/" target="_blank">
  販売サイトへ
</a>
```
(ターゲット　ブランク)

このようにtarget属性の属性値に「_blank」を指定すると、リンク先を新しいタブやウインドウで開くことができます。こうしておくと「ここから先は別のWebサイトですよ」ということが伝わりやすいでしょう。

一見すると便利な「target="_blank"」ですが、使いどころには気を付けましょう。たとえば、自分のサイトの中のリンクにすべてに「target="_blank"」を指定してしまうとどうなるでしょうか。リンクをクリックするたび新しいタブが開いて閲覧者はストレスを感じてしまいます。

リンクの仕方ひとつをとっても、「なぜそうするのか」を考えながらコーディングしていくべきなんですね。

リンクで移動できるか試してみよう

item01.htmlを編集し終わったら、ページを移動することができるようになったか試してみましょう。

※item01.html以外のページは、すでにCSSを適用してあります。また、サンプル用として、「販売サイトへ」に指定されているリンク先はC&R研究所のWebサイトとなっています。

SECTION 13 ■ リンクを付けよう

リンクをクリックすると…

別ページに移動することができました！

あっ、HTMLちゃん、ここ絶対に絶対パスでリンクしといてね！

え？

ふふふ…絶対に絶対パス…

薄々気付いてたけど、わかばちゃんってちょっと変わってるよね。

SECTION 14 画像を挿入しよう

画像を挿入するには、「<img src=" ">」と書きます。src属性の値には、画像のありかを指定してあげましょう。

SECTION 14 ■ 画像を挿入しよう

ビフォー・アフター

サンプル画像を、Tシャツの画像に貼りかえてみましょう。

▼ビフォー

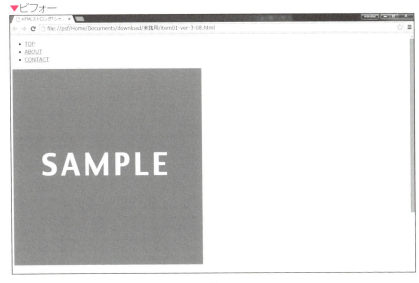

▼アフター

SECTION 14 ● 画像を挿入しよう

📷 画像を挿入しよう

画像を挿入するには img要素 を使います。「img」は「image」の略です。

> <img src="画像のありか" alt="代替テキスト">

src属性 には、画像のありかをパスで指定します。相対パス・絶対パス、どちらの形式でも指定できます。同じサイト内へのリンクなら、基本的には相対パスを使います。

alt属性 には、画像が表示できない場合に代わりに表示するテキストを指定します。alternate text（代替テキスト）の略です。

img要素を使って、先ほどの商品紹介ページを編集してみましょう。

＜実践＞ 色付きの部分を書きこもう！　　　　　　　　　▼item01.html

～省略～

<img src="images/item01.jpg" alt="HTMLストロングTシャツ">

～省略～

※item_sample.jpgになっているところをitem01.jpgに書きかえましょう。

src（ソース）って食べ物のソースのことじゃなさそうね。どういう意味なんだろう。

わかばちゃん、「大好物の"激ウマ茎わかめ"が生産中止になるらしいよ」って小耳に挟んだらどうする？

「それ本当なの!? ソースはどこ!?」って聞くかな。

そう、それだよ。ソース＝情報の出どころってことだよね。

なるほど。つまり、**img src="●●"** は、**画像のありかは="ここですよ"** って意味なのね。納得納得。

SECTION 15 エリア分けしよう

それぞれがwebページのどの部分にあたるかをエリア分けしていきましょう。

SECTION 15 ● エリア分けしよう

完成形を確認

エリアごとに区切ってあげることで、後々レイアウトがしやすくなります。

基本的なエリア分けをしよう

作成中のページを、3つのエリアに分けましょう。
- header要素
- main要素
- footer要素

それぞれの要素の特徴を紹介します。

◆ header要素

header要素には、導入部分の範囲を指定します。

<header>導入部分</header>

具体的には、次のようなものを含むことができます。
- 見出し
- ロゴ
- ナビゲーション
- 検索フォーム

header、つまり頭の部分という意味だね。
68ページで学んだhead要素とは別物だから注意してね。

◆ main要素

main要素には、メインコンテンツの範囲を指定できます。1ページに1つのみ使用できます。

<メイン>
<main>メインコンテンツ</main>

main要素は1ページに1つしか存在しちゃだめなのね。
たしかに、メインコンテンツと言うからには複数存在するとおかしいものね。

◆ footer要素

footer要素には、いわゆるフッターと呼ばれる範囲を指定します。

<フッター>
<footer>フッター部分</footer>

具体的には、次のようなものを含むことができます。
- 運営者の連絡先
- Copyright表記
- 関連ドキュメントへのリンク

footer、つまり足の部分という意味だね。

SECTION 15 ● エリア分けしよう

ナビゲーションの範囲を指定しよう

Webページのメニュー部分、いわゆるナビゲーションの範囲を指定しましょう。

◆nav要素

ナビゲーションの範囲を指定するには、nav要素を使います。「nav」は英語の「navigation」の略です。

> <nav>ナビゲーション</nav>

nav要素で、「ここからここまでがナビゲーションの範囲ですよ」と指定できます。

早速、編集してみよう

それではheader要素、main要素、footer要素、nav要素を使ってエリア分けしてみましょう。

<実践> 色付きの部分を書きこもう！　　　▼item01.html

```
～省略～

<body>
  <header>
    <nav>
      <ul>
        <li><a href="index.html">TOP</a></li>
        <li><a href="about.html">ABOUT</a></li>
        <li><a href="form.html">CONTACT</a></li>
      </ul>
    </nav>
  </header>
  <main>
    <div class="row">
      <div class="col harf">
        <img src="images/item01.jpg" alt="HTMLストロングTシャツ">
      </div>
      <div class="col harf">
        <h1>HTMLストロングTシャツ</h1>
```

```
        <p>
            Webページを作るのって楽しい、HTMLっておもしろい！
            そんな気持ちを表したTシャツです。<br>
            strong要素は強調するという意味を持っています。
            着ているだけでWeb制作に関わる人には意味が伝わるかも？
        </p>
        <div>
            <p>
                <span>2,980</span>円(税込)
            </p>
            <a class="button" href="http://www.c-r.com/" target="_blank">
                販売サイトへ
            </a>
        </div>
      </div>
    </div>
  </main>
  <footer>
    <p>Copyright &copy; Wakaba shop</p>
  </footer>
</body>
```

〜省略〜

アウトラインの範囲指定方法

アウトラインとは、文書の階層構造のことです。本の「章・節・項」をイメージするとわかりやすいでしょう。

◆section要素

section要素で囲むとこの範囲はこの見出しについての内容が書かれていますよと示すことができます。

この役割から考えて、section要素の中には見出しが必ず含まれるはずです。「＜section＞ ＜/section＞」で囲まれた中に見出しが含まれていない場合、section要素の使い方が間違っている可能性が高いでしょう。

なお、「section」は仕切りや部分、文章の節などの意味です。

独立したコンテンツの範囲指定方法

単体でコンテンツになる部分は、article要素で包むことが推奨されています。「article」は「記事」という意味です。

◆ article要素

article要素で囲むとこの範囲はコンテンツとして独立しているものですよと示すことができます。たとえば、次のようなものなどは<article> </article>で囲むのにふさわしいでしょう。

- 商品紹介文
- 会社概要
- ブログ記事単体

単にグループ化したいときは

先ほど紹介した要素には、すべて意味付けがありましたが、「見た目のためだけに単にグループ化したい」というときはどうすればいいのでしょうか。

そんなときに使うのがdiv要素です。

◆ div要素

「div」は「division」の略です。英語で「区域」という意味があります。

単にグループ化したい範囲

その名の通り、ただその範囲が1つのグループであることだけを示します。「sectionやarticleを使うと文書構造がおかしくなってしまう、けれど見た目のためにこの範囲をグループ化したい」というときに使います。

COLUMN　コメントの書き方

「後で編集するときにわかりやすくするために、メモを残したい」「でも、メモの内容はブラウザ上には表示したくない」

コーディングをしているとそんな場面に出くわすことでしょう。そんなときはこう書きましょう。

▼コメントの書き方　　　　　　　　　　　　　　　　　**SOURCE CODE**

```
<!-- コメント -->
```

「<!-- -->」で囲った部分の「コメント」という文字はブラウザ上に表示されなくなります。

ただし、ブラウザの「ソースコードを見る」機能を使えば、「<!-- -->」で囲ったコメントは閲覧者から見えてしまいます。本当に非公開にしたい情報は書き込まないようにしましょう。

また、次のような書き方は間違いです。複数の「-」(ハイフン)を連続して使うと、そこでコメントが終わっていると見なされ、ブラウザによって表示に影響が出ることがあります。正しい書き方を心がけましょう。

▼誤ったコメントの書き方　　　　　　　　　　　　　　**SOURCE CODE**

```
<!----- コメント ----->
```

SECTION 16 CSS適用のための準備をしよう

CSSは、要素・id属性・class属性などでHTML上の範囲を指定し、見た目を変更する言語です。

必要に応じて、id属性かclass属性で印を付けておきましょう。

印を付けるにはid属性とclass属性

id属性・class属性を使うと、要素に名前を付けることができます。そして、CSSやJavaScriptからその名前がついた要素を特定して、文字に色を付けたり、効果を与えたりできます。

では、CSSがどこを飾り付ければいいかわかるように目印を付けてあげましょう。

商品ページでは、他のページと比べてヘッダーの長さを短くしたい！
あと、値段の部分は文字の色を赤くしたいな。

それなら、「itempage」「price」という名前で印を付けておこう。

id属性「itempage」と、class属性「cartarea」「price」を色付きの部分に追加しましょう。

＜実践＞ 色付きの部分を書きこもう！　　　▼item01.html

～省略～

```html
  <header id="itempage">
    <nav>
      <ul>
        <li><a href="index.html">TOP</a></li>
        <li><a href="about.html">ABOUT</a></li>
        <li><a href="form.html">CONTACT</a></li>
      </ul>
    </nav>
  </header>
  <main>
    <div class="row">
      <div class="col harf">
        <img src="images/item01.jpg" alt="HTMLストロングTシャツ">
      </div>
      <div class="col harf">
        <h1>HTMLストロングTシャツ</h1>
        <p>
          Webページを作るのって楽しい、HTMLっておもしろい！
```

```
          そんな気持ちを表したTシャツです。<br>
          strong要素は強調するという意味を持っています。
          着ているだけでWeb制作に関わる人には意味が伝わるかも？
        </p>
        <div class="cartarea">
          <p>
            <span class="price">2,980</span>円（税込）
          </p>
          <a class="button" href="http://www.c-r.com/" target="_blank">
            販売サイトへ
          </a>
        </div>
      </div>
    </div>
  </main>
```

～省略～

✏️ id属性・class属性の違いは？

「要素に名前を付ける」という役割は、id属性もclass属性も同じです。それ以外には何が違うのでしょうか。

◆id属性の特徴

id属性は、1つのWebページで同じ属性値は一度しか使えません。たとえば、idの属性値「itempage」を、item01.html内でもう一度使うことはできません。

◆class属性の特徴

class属性は、1つのWebページの中で同じ属性値を何度でも使えます。たとえば、classの属性値「cartarea」「price」は、何回でも使うことができます。もし、色違いの商品が入荷して、item01.html内で価格を複数掲載することになったとしても対応できます。

迷ったらclass属性を使おう

「id属性とclass属性の使い分けってどう使い分ければいいの?」と疑問に思うかもしれませんね。

id属性は、1ページで1度しか使えないというその特徴から、次のような使い道があります。

- ページ内リンクとして使える
- JavaScript(198ページ参照)で特定の要素を指定して操作するときに使える

id属性は、見た目の調整以外にも上記のような役割を担うことができますから、ここぞというときのためにとっておきましょう。

見た目の調整だけが目的の場合は、class属性を使いましょう。

◆ id属性・class属性 使い分けの例

id属性とclass属性、それぞれの特徴を生かしてソースコードを書くと、次のようになります。

SOURCE CODE

```html
<div id="main">
  <h1>伊呂波わかば  自己紹介</h1>
  <p>
  Webデザイナーを目指す大学生です。
  趣味は<span class="em">盆栽</span>。
  好きな食べ物は<span class="em">海藻</span>です。
  </p>
</div>
```

メインエリアは、構造上1ページに1つしか必要ありませんから、id属性が適しています(例:＜div id="main"＞)。

文章の中で強調したい箇所は、1ページにつき繰り返し登場する可能性が高いので、class属性が適しています(例:＜span class="em"＞)。

このように、1つのページの中で何回も繰り返し使われることが想定されるものは、class属性を使いましょう。

SECTION 17 表の作り方

「情報を表の形式でまとめたい」
そんなときにぴったりなのがtable要素です。

table要素・tr要素・th要素・td要素
を覚えれば、思い通りの表を簡単に作るこ
とができます。

HTMLで作られた表を見てみよう

about.htmlをブラウザで開くと、次のように表示されます。

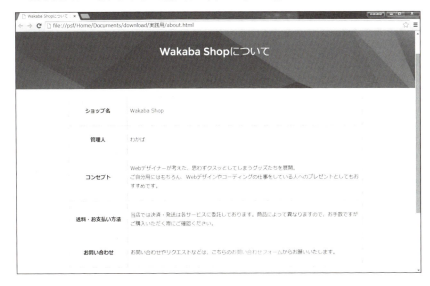

table要素とその仲間たち

表を作るにはtable要素を使います。「table」はそのまま「表」という意味です。

SECTION 17 ● 表の作り方

まず表にしたいところ全体を「<table> </table>」で囲います。
次に横一列を<tr>タグで囲い、さらにセル（1つひとつのマス目）にしたい部分を1つひとつ<th>タグまたは<td>タグで囲います。

th要素とtd要素って「セルを作る」という役割は一緒よね。どう使い分けるの？

そのセルの中身が見出しなら**th要素**、データなら**td要素**を使うよ。thはtable header cellの略で**表の見出しセル**の意味、tdはtable data cellの略で**表のデータセル**の意味だよ。

なるほど。何の略かわかったらスッキリしたわ。

よかった！　何の略かわかると理解しやすいよね。

ん？　待てよ…
tr要素って何も仕事してないじゃん。存在する意味あるの？

ええっ！　意味あるよ〜。**tr要素**がとりまとめてくれているからこそ、1行目・2行目…とマス目を積み上げることができるんだよ。trはtable rowの略で、rowは英語で「行」。**横にまっすぐ並べる**というイメージで覚えるといいよ。

ソースコードを見てみよう

「Wakaba Shopについて」のページのソースコードがどのようになっているか見てみましょう。

▼about.html　　　　　　　　　　　　　　　　　　　　**SOURCE CODE**

```
〜省略〜
<table border="1">
  <tbody>
    <tr>
      <th>ショップ名</th>
      <td>Wakaba Shop</td>
    </tr>
```

```html
      <tr>
        <th>管理人</th>
        <td>わかば</td>
      </tr>
      <tr>
        <th>コンセプト</th>
        <td>
          Webデザイナーが考えた、思わずクスッとしてしまうグッズたちを展開。<br>
          ご自分用にはもちろん、Webデザインやコーディングの仕事をしている人
          へのプレゼントとしてもおすすめです。
        </td>
      </tr>
      <tr>
        <th>送料・お支払い方法</th>
        <td>
          当店では決済・発送は各サービスに委託しております。
          商品によって異なりますので、
          お手数ですがご購入いただく際にご確認ください。
        </td>
      </tr>
      <tr>
        <th>お問い合わせ</th>
        <td>
          お問い合わせやリクエストなどは、こちらの
          <a href="form.html">お問い合わせフォーム</a>からお願いいたします。
        </td>
      </tr>
    </tbody>
</table>
～省略～
```

> **COLUMN** table要素にはborder属性を設定しておくと吉
>
> 　table要素に「border="1"」と書かれているのが気になった方もいるかもしれませんね。HTML5以前の仕様では、この属性はテーブルの枠線の太さをピクセルで指定するための属性でした。
> 　HTML5の仕様では、この属性は「このテーブルはちゃんとした表ですよ。レイアウトのために使用しているわけではありませんよ」と示す目的として使われます。属性値は「1」もしくは空("")を指定しましょう。

SECTION 18 フォームの作り方

自動メール送信機能は、HTMLとCSSだけでは作ることができません。

PHPなどのサーバー側で動くプログラミング言語を書く必要があります。

PHPについては、CHAPTER 6で概要を解説しています。気になった方は読んでみましょう。

フォームを実際に見てみよう

form.htmlをブラウザで開くと、次のように表示されます。

　メールアドレスの形式が間違っている状態で送信ボタンをクリックすると、画面上でお知らせしてくれます。このような機能をバリデーション機能と言います。

SECTION 18 ● フォームの作り方

　メールアドレスとお問い合わせ内容を書き込んで送信ボタンをクリックすると、「お問い合わせを受け付けました」と表示されます。

　なお、form.htmlはWebページ制作の練習用サンプルページです。「送信」ボタンをクリックしても、実際にはメッセージは届きません。本書のみではお問い合わせフォームとして動作しないことをご了承ください。

フォーム全体を取り囲むform要素

　form要素は、その要素内で入力・選択したデータの送信先や送信方法を指定する要素です。

　form要素に使える主な属性は次のようになります。

◆ name属性

　name属性には、フォームを参照するための名前を「name="フォームの名前"」のように指定します。

◆ action属性

　action属性には、データの送信先のURLを「action="送信先のURL"」のように指定します。今回は練習用のサンプルページのため、送信先をHTMLファイルにしていますが、PHPを使う場合は「action="○○.php"」といった形で指定します。

◆ method属性

method属性には、Webサーバーにデータを受け渡すときの方法を「method="送信方法"」のように指定します。属性値は「get」または「post」が指定できます。初期値は「get」です。

属性値	役割
get	URLの後ろにデータを付け加えて送信します。よって、URLを見ればどんなデータが送られているかが誰からでも見えます。getは第三者に見られてもかまわないデータを送信するときに使いましょう。
post	postで送るデータはWebブラウザ上には表示されません。メールアドレスやパスワードといった外部に知られたくない情報を送る場合や、送信するデータ量が多い場合に使います。今回の例ではメールアドレス・お問い合わせ内容を入力する欄があるのでpostを使っています。

入力欄やボタンを作るinput要素

ネットショップや会員登録ページで、名前入力欄やラジオボタンを目にしたことがあるかと思います。あれらの要素はほとんどがinput要素で作られています。「input」は入力という意味です。

input要素に使える主な属性は次のようになります。

◆ type属性

type属性には、フォームの部品の種類を「type="フォームの部品の種類"」のように指定します。フォームの部品はたくさん種類があるので、代表的なものを紹介します。

属性値	部品の種類
text	1行のテキスト入力欄
password	パスワード用のテキスト入力欄（入力文字を●で表示する）
checkbox	チェックボックス
radio	ラジオボタン
submit	送信ボタン
hidden	画面上には表示せずに送信する

HTML5からは、上記の他に、「email」「tel」「url」といった、バリデーション機能のある属性値が追加されました。今回の例ではメールアドレス入力部分に「type="email"」と指定しており、間違った形式のメールアドレス（@が抜けているなど）が入力されると画面上で知らせてくれるようになっています。

◆ value属性

value属性は、部品の種類によって属性値がどこに反映されるかが変わってきます。「value="初期値"」「value="送信値"」「value="ラベル"」のように指定します。

部品の種類	valueの属性値が反映される箇所
テキスト入力欄	テキスト入力欄に最初から入力されている初期値
チェックボックス	サーバーに送信される値
ラジオボタン	
ボタン	ボタンのラベル部分

◆ name属性

name属性には、データとセットで送られる、フォーム部品の名前を「name="部品の名前"」のように指定します。

◆ placeholder属性

検索窓に、薄いグレーの文字で「ここから検索」と表示されているものを見たことがあると思います。placeholder属性を使うと、このテキストエリアには何を入力すべきかというヒントになる文字を入れることができます。「placeholder="代替テキスト"」のように指定します。

今回の例では「メールアドレス」「お問い合わせ内容」と表示させています。

◆ checked属性

checked属性は、チェックボックスまたはラジオボタンを選択した状態にします。属性値は必要なく、「checked」と記述します。

◆ required属性

required属性を使うと、必須項目であることを指定できます。required属性を指定すれば、空欄のまま送信ボタンを押してもデータは送信されず、画面上でお知らせしてくれるようになります。属性値は必要なく、「required」と記述します。

複数行のテキスト入力欄を作るtextarea要素

input要素でもテキスト入力欄を作ることができますが、1行のテキスト入力欄のみです。複数行のテキスト入力欄を作るにはtextarea要素を使いましょう。

textarea要素に使える主な属性は、次のようになります。

◆ cols属性

cols属性には、テキスト入力欄の1行分の文字数を指定できます。「cols="文字数"」のように指定します。

◆ rows属性

rows属性には、テキスト入力欄の行数を指定できます。属性値によってテキスト入力欄の高さが変わります。「rows="行数"」のように指定します。

◆ required属性

required属性を使うと、必須項目であることを指定できます。required属性を指定すれば、空欄のまま送信ボタンを押してもデータは送信されず、画面上で知らせしてくれるようになります。属性値は必要なく、「required」と記述します。

ソースコードを見てみよう

それでは、「お問い合わせ」のページのソースコードがどのようになっているか見てみましょう。

▼form.html　　　　　　　　　　　　　　　　　　　　　SOURCE CODE

```
〜省略〜
<form name="contact" action="form-comp.html" method="post">
  <input class="email" type="email" name="email"
    placeholder="メールアドレス" required>
  <textarea class="comment" name="comment" rows="20"
    placeholder="お問い合わせ内容" required>
  </textarea>
  <div class="center">
    <input class="button" type="submit" name="submit" value="送信">
  </div>
</form>
〜省略〜
```

SECTION 18 ● フォームの作り方

ふむふむ、form要素の中に、メールアドレスを書き込むところ・お問い合わせ内容を書き込むところ・送信ボタンが含まれているわね。

そこまで理解できるなら上出来だね！
これで基本的なHTMLの知識はマスターしたよ。
次の章からはCSSちゃんがWebページの見た目について教えに来てくれるよ。
自称Web界のアイドルで、とってもおしゃれさんなんだ。

なんだか賑やかになりそうねぇ。

SECTION 18 ■ フォームの作り方

> **COLUMN** マンガでわかるカテゴリーとコンテンツ・モデル

HTML5から登場したカテゴリーとコンテンツ・モデルという概念。なんだか難しそう？ いえいえ、実はとってもシンプルなお話なんです。

SECTION 18 ● フォームの作り方

◆マンガの例で理解してみよう

マンガの例を簡単に整理するとこうなります。

要素	カテゴリー	コンテンツ・モデル (子要素として直接入れられる要素)
バス	乗り物	人間
わかばちゃん	人間	食べ物

【× 不正解】

```
<わかばちゃん>
    <バス>わかばちゃんの中にいるバスです</バス>
</わかばちゃん>
```

もし、わかばちゃんの中にバスが入ったら、とても違和感がありますね。

【○ 正解】

```
<バス>
    <わかばちゃん>バスの中にいるわかばです</わかばちゃん>
</バス>
```

バスの中には「人間」が入るべきですから、わかばちゃんが入ります。これなら自然ですね。

もう1つ例を見てみましょう。

要素	カテゴリー	コンテンツ・モデル (子要素として直接入れられる要素)
お弁当箱	食器	食べ物
おにぎり	食べ物	穀物
白米	穀物	具

【× 不正解】

```
<おにぎり>
    <お弁当箱>
        <白米>梅</白米>
    </お弁当箱>
</おにぎり>
```

「カテゴリー:食べ物」のおにぎりのコンテンツ・モデルは、穀物カテゴリーに属する要素です。つまり、おにぎりの中に入れられるのは「カテゴリー:穀物」です。なのに、上の例では「カテゴリー:食器」のお弁当が入っています。

SECTION 18 ■ フォームの作り方

【○ 正解】

<お弁当箱>
　<おにぎり>
　　<白米>梅</白米>
　</おにぎり>
</お弁当箱>

お弁当箱を外側に、おにぎりを内側に配置してみました。これならしっくりきます。

このように、各要素にはそれぞれ「中に入れられるもの」「入れられないもの」が決まっています。「な〜んだ、そんな当たり前のこと」と思いますよね。それはあなたが日常生活の中で、「バスとはどのようなものか」「お弁当箱とはどのようなものか」を知っているからです。

それと同じように「section要素とはどのようなものか」「p要素とはどのようなものか」を知れば、HTML5のルールを理解したも同然です。

しかし、HTML5の要素はなんと約100種類。1つひとつの要素の意味をいちから覚えるのは大変ですよね。そこで「各要素を分類してわかりやすくしようよ」ということで作られたのがカテゴリーという概念なのです。

▼HTML5の要素をカテゴリー分けしたときの図

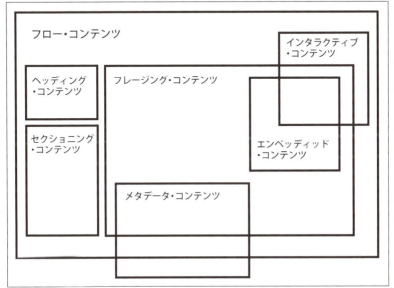

3 HTML〜文章や画像を貼り付けて、Webサイトの中身を作ろう！〜

カテゴリー	意味	属している要素の例
フロー・コンテンツ	一般的なコンテンツ	ほとんどの要素
ヘッディング・コンテンツ	見出しコンテンツ	h1、h2など
セクショニング・コンテンツ	セクションを表すコンテンツ	section、articleなど
フレージング・コンテンツ	文章内コンテンツ	span、brなど
エンベッディッド・コンテンツ	組み込みコンテンツ	audio、canvas、videoなど
インタラクティブ・コンテンツ	対話型コンテンツ	button、input、textareaなど
メタデータ・コンテンツ	文書情報コンテンツ	title、metaなど

カテゴリーを複数合わせ持つ要素が多いよ。
たとえば「フロー・コンテンツでもあり、セクショニング・コンテンツでもある」みたいにね。

なるほどね。私のカテゴリーが「人間でもあり、大学生でもある」といったところかしら。

◆ さっきの例をHTMLに当てはめて考えてみよう

バスやお弁当箱の例を、HTMLに当てはめて考えてみましょう。

要素	カテゴリー	コンテンツ・モデル (子要素として直接入れられる要素)
section	フロー・コンテンツ セクショニング・コンテンツ	フロー・コンテンツ
h1〜h6	フロー・コンテンツ ヘッディング・コンテンツ	フレージング・コンテンツ
p	フロー・コンテンツ	フレージング・コンテンツ

　sectionとは、文章の一区分を表すタグです。見出しを内包する章や節の区切りを表します。

【× 不正解】

```
<p>
  <h1>マンガでわかるWebデザインとは</h1>
  <section>4コママンガで楽しくWebデザインの基礎が学べる本です。</section>
</p>
```

　さて、どこがおかしいかわかりますか。

- p要素の中にはフレージング・コンテンツが入るべき
  - →h1要素（フロー・コンテンツ/ヘッディング・コンテンツ）が入っているのでNG
  - →section要素（フロー・コンテンツ/セクショニング・コンテンツ）が入っているのでNG

これでは**段落**の中に**見出し**と**章**があることになってしまいます。本来、**見出し**と**段落**は**章**の中にあるものですから、この配置だと違和感がありますよね。

【○ 正解】

```
<section>
    <h1>マンガでわかるWebデザインとは</h1>
    <p>4コママンガで楽しくWebデザインの基礎が学べる本です。</p>
</section>
```

section要素とp要素を入れ替えてみました。

- section要素の中にはフロー・コンテンツが入るべき
  - →h1要素（フロー・コンテンツ）が入っているのでOK
  - →p要素（フロー・コンテンツ）が入っているのでOK

これで違和感のない、きれいな入れ子構造ができました。

要は、文章構造を考えたときに**「何か変だな」と思うかどう か**ってことよね。

HTML5の要素の詳しい分類・配置ルールをまとめたPDFはサンプルデータと一緒に入っているから、迷ったときは参考にするといいよ。
ダウンロード方法は16ページを参照してね。

CHAPTER 4

CSS

～その見た目、華やかにしてあげる！～

SECTION 19 CSSってなに？

飾り付け担当のCSSちゃんが登場です。

HTMLちゃんは文書構造担当。webページの飾り付けは担当外なのです。

HTMLのソースコードはシンプルさを保ったまま、飾り付けはCSSちゃんにお任せしましょう。

CSSは飾り付け担当

まずは、ざっくりとCSS（シーエスエス）のイメージをつかみましょう。

HTMLだけだと、文書構造が定義されている本の状態です。CSSと組み合わせることで、配色とレイアウトが生まれ、絵本になるイメージです。

◆ CSSの生い立ち

「HTMLは文書構造担当」「CSSは飾り付け担当」というように、今となってはきっちりと役割が分けられていますが、その昔、文書構造と飾り付けの両方をHTMLが担っていた時期がありました。

HTMLで無理やり見た目を指定するので、次のような問題がありました。

- 文書構造を無視した、見た目を整えるためだけの要素が乱用される
- ソースコードが読みにくい

そこで、1996年にW3C（Web技術の標準化を行う団体）が「そもそもHTMLは文書構造を記述するための言語だよ。飾り付けはCSSでやろうよ」と勧告しました。

それ以来、CSSが使われるようになっていったのです。

CSS3ってなに?

CSS3とは、従来のCSSに**便利な仕様が追加されたもの**です。本書では、CSS3から新たに追加された仕様も使いながら、Webページ制作を進めていきます。

◆ CSS3のメリット・デメリット

CSS3のメリットは次の通りです。
- これまでにできなかった**透過処理・グラデーション・角丸・ドロップシャドウ・アニメーション**などの表現ができるようになる
- 今まで**画像で表現していた部分**(グラデーションや角丸など)をCSS3で表現できるようになるため、ファイルサイズが減る

逆にデメリットは、次の通りです。
- ブラウザのバージョンによって、対応が十分でない場合がある

◆ CSS3を使うとき、宣言文は必要ない

HTML5の場合はソースコードの書き始めに「これはHTML5ですよ」と宣言文を書く必要がありました(70ページ参照)が、CSS3の場合は宣言文はありません。

◆ 必ずしもHTML5とセットで使わなくてもよい

CSS3は、必ずしもHTML5とセットで使わなければならないわけではありません。たとえば、HTML4.01で記述されているWebページを、CSS3を使って装飾することもできます。

簡単! CSSの書き方

CSSの書き方は、HTMLとはまったく異なります。でも安心してください。CSSの書き方はとても単純です。この形だけ覚えれば、今日からあなたにもCSSが書けます。

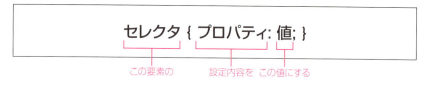

セレクタ { プロパティ: 値; }
この要素の　設定内容を　この値にする

具体的な例は次のようになります。

AのBをCする。日本語と同じ並び方です。わかりやすいですね。このひとかたまりを、ルールセットと呼びます。

◆ Webサイトの見た目はルールセットの集合体で作られている
あなたが普段見ているWebサイトを想像してみてください。
- 文字の色・大きさ
- メニューボタンの位置
- 背景の色
- 画像間の余白

これらすべてが、「セレクタ { プロパティ : 値 ; }」という書き方で指定されています。色やレイアウトが1つひとつ丁寧に指定されることで、全体的なデザインが組み上がっているのです。

 どんなWebサイトでも、ルールセットの集合体で形作られているんだね。

 どんなにかわいいアイドルでも、その裏には小さな努力の積み重ねがあるってものよ。

 …ノーコメントだよ。

COLUMN　CSSにコメントを残したいときは?

HTMLにコメントを残すときは、次のように書きましたね。

```
<!-- コメント -->
```

CSSにコメントを残すときは、次のように書きます。

```
/* コメント */
```

```
/* 複数行でも
使えます */
```

▼コメントの入力例　　　　　　　　　　　　　　　**SOURCE CODE**

```
/* メインエリア
-------------------------------------------- */
main {
  width: 100%;
  max-width: 930px;
  margin: 0 auto;
}

/* リンク文字の色設定 */
main a { color: #2c9795; }

/* フッター
-------------------------------------------- */
footer {
  background-color: #114046;
  color: #40666a;
}
```

このようにコメントを残しておくと、次のようなメリットがあります。
- 後日、自分で編集するときに読解しやすい
- 自分以外の人が編集することになっても、各スタイルがページのどの部分に影響しているかが伝わりやすい

SECTION 20 カスケーディングってこういうこと

すべての要素にスタイルを設定しなくてもいいように、親要素のスタイルは子要素に受け継がれるようになっています。便利ですね！

複数のスタイルを繋いで使える

　CSSは、Cascading Style Sheets（カスケーディング・スタイル・シート）の略です。スタイルシートとは、見栄えに関する情報をひとまとめにしたファイルのことです。カスケーディングとは、「段々滝」という意味です。次から次へと連なる滝のように、複数のスタイルを数珠つなぎにして使うことができます。

わかりやすいように例を出すわね。
HTMLとCSSで、こんな見た目を実現しようと思うわ。
黒背景・白文字・文字サイズは大きめにしましょう。

カスケーディング

ソースコードはこう書くわね。

▼HTML

```html
<div>
  <p>カスケーディング</p>
</div>
```

▼CSS

```css
div {
  background-color: black;   /* 背景色 黒 */
  color: white;   /* 文字色 白 */
}

p {
  font-size: large;   /* 文字サイズ 大*/
}
```

SECTION 20 ■ カスケーディングってこういうこと

ん？ 待てよ…
この書き方で、本当にp要素の文字色は白になるの？
セレクタ「p」では文字サイズしか指定してないじゃん。

いいところに気が付いたわね。
すべての要素にスタイルを設定しなくてもいいように、親要素のスタイルは子要素に受け継がれるようになっているの。
この現象は**継承**と呼ばれているわ。

それって、楽ができるってこと!?

そうよ。親要素ですでに指定されているスタイルを、子要素にもいちいち書いていくなんて非効率でしょ？

CSSちゃんって頭いいんだねぇ。

なっ、何よいきなり。
無駄なソースコードは書かないほうがいいに決まってるでしょ。

COLUMN 後ろに書いたものが優先される！ 知っておきたいCSSの性質

次のように書いた場合、p要素の文字色は何色になるでしょうか。

▼CSS 　　　　　　　　　　　　　　　　　　　SOURCE CODE

```
p { color: white; }
p { color: black; }
```

　答えは黒色です。CSSは**後ろに書いたルールセットが優先される**性質を持っているからです。
　ただし、この「後ろに書いたルールセットが優先される」という現象が起こるのは、**セレクタ同士が同じ詳細度であるとき**だけです。詳細度については、156ページで詳しく解説しています。

SECTION 21 CSSは外付けがテッパン

HTMLのタグに直接書き込む方法や

head要素内に書き込む方法もありますが

HTMLファイルからCSSファイルを読み込む方法が一般的です。

CSSの適用方法は3つ

CSSの適用方法は次の3つです。
- タグに直書き（インライン記述）
- head要素内に直書き（ページ型）
- CSS外付け（リンク型）

それぞれどのように書くか見てみましょう。

◆ タグに直書き（インライン記述）

インライン記述は、HTMLのタグ自体に直接書き込む方法です。

▼HTMLファイル

```
<p style="color: red;">マンガでわかるWebデザイン</p>
```

手軽に見た目を変えられる反面、HTMLのソースコードが読みにくくなる・メンテナンスがしにくくなるというデメリットがあります。さらに、この書き方では**HTMLは文書構造・CSSは装飾**という役割分担ができていません。余程の事情がない限り、この方法は避けましょう。

◆ head要素内に直書き（ページ型）

ページ型は、head要素内に直接、書き込む方法です。

▼HTMLファイル

```
<head>

    ～中略～

    <style type="text/css">
    <!--
    p { color: red; }
    -->
    </style>
</head>
<body>
    <p>マンガでわかるWebデザイン</p>
</body>
```

先ほどと比べると、HTMLのソースコードは読みやすくなりました。しかし、この方法では管理するページ数が増えるほどメンテナンスがしにくくなってしまいます。

◆ CSS外付け（リンク型）

リンク型は、外部ファイル化したCSSを、HTMLファイルから読み込む方法です。Webデザインの現場で一番使われています。

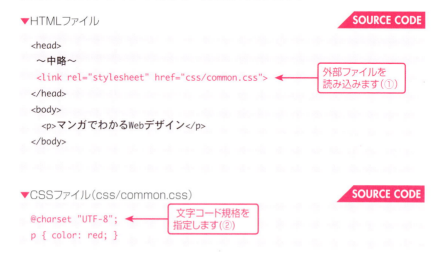

▼HTMLファイル　　　　　　　　　　　　　　SOURCE CODE

```
<head>
  ～中略～
  <link rel="stylesheet" href="css/common.css">  ← 外部ファイルを読み込みます（①）
</head>
<body>
  <p>マンガでわかるWebデザイン</p>
</body>
```

▼CSSファイル（css/common.css）　　　　　　SOURCE CODE

```
@charset "UTF-8";  ← 文字コード規格を指定します（②）
p { color: red; }
```

①は外部ファイルの読み込みの指定です。

「rel="stylesheet"」は、「スタイルシートとして関連付けます」という意味です。「href="css/common.css"」は、「cssという階層にあるcommon.cssを参照します」という意味です。つまり、「<link rel="stylesheet" href="css/common.css">」を日本語にすると、「cssという階層にあるcommon.cssを参照します」という意味になります。

②はCSSファイル内での文字コードの指定です。CSSファイルの先頭には、必ず「@charset」を書き、文字コード規格を指定しましょう。なお、文字コード規格については190ページで解説しています。

SECTION 21 ■ CSSは外付けがテッパン

とまぁ、3つ紹介したけど、CSSは外付けがテッパンなの。
覚えておいてよね。

ちょっと待って。
どの方法を使っても「マンガでわかるWebデザイン」という文字
が赤くなるのは一緒でしょ？

それはそうだけど…

だったら外付けじゃなくてもいいじゃん。
HTMLファイルとは別で、CSSファイルを作るなんて面倒くさそ
うだし。

面倒くさいですって…!?　あなた、わりとズバズバ言うタイプな
のね。
いいわ。次のページで外付けのメリットを具体的に教えてあげる。

SECTION 22 CSS外付けのメリット

たとえば、サイト全体の背景色を変えたくなったとき。CSSファイルを1つ修正すれば、それを参照しているHTMLファイルすべてに適用されます。らくちんですね。

CSSファイルを外付けしていなかったら、大変です。HTMLファイルを1つひとつ開いて編集していかなければなりません。

SECTION 22 ■ CSS外付けのメリット

📝 CSSを外付けしておくと、楽ができる

あなたは、Webサイトの背景色を変えることにしました。そのWebサイトは、HTMLファイル50個でできています。そのとき、次のどちらのほうが早く修正が完了しそうでしょうか。

- CSSファイルが外付けされている場合
- HTMLファイルにCSSが直書きされている場合

前者の場合、修正が必要なファイルは1つだけです。後者の場合、修正が必要なファイルは50個です。CSSを外付けしておくと、後々、楽ができるのです。

50回修正しなければいけないところが、1回の修正で済むなんて最高!
CSSは外付けで決まりね。

あなた、さっきまで面倒くさそうって言ってなかったっけ?

私そんなこと言った? さぁ、早く外付けしようよ!

4 CSS～その見た目、華やかにしてあげる!～

SECTION 23 HTMLファイルとCSSファイルを繋ごう

webページに画像を挿入するとき、相対パスまたは絶対パスで画像のありかを指定しますよね。CSSも同じです。

CSSファイルを繋げばHTMLの見た目は思いのままです！ webページ制作の楽しさがぐんと広がります。

SECTION 23 ■ HTMLファイルとCSSファイルを繋ごう

実際にCSSを繋いでみよう

HTMLの章では、主にitem01.htmlを編集してきました。item01.htmlのページは、まだCSSが繋がれていません。そのため、見た目が大変簡素です。いわば、すっぴん状態です。common.cssを繋いで、すっぴん状態のitem01.htmlをおしゃれにしてあげましょう。

▼ビフォー

▼アフター

SECTION 23 ● HTMLファイルとCSSファイルを繋ごう

＜実践＞色付きの部分を書き込もう　　　　　　　　　▼item01.html

```
<head>
  <meta charset="utf-8">
  <title>HTMLストロングTシャツ | Wakaba Shop</title>
  <meta name="keywords"
    content="HTML,コーディングTシャツ,Webデザイナー,プレゼント">
  <meta name="description"
    content="HTMLへの愛を強調できる、コーディングTシャツです。
    Webデザイナーのお友達へのプレゼントとしておすすめ!">
  <link rel="stylesheet" href="css/common.css">
</head>
```

Webフォントで書体をおしゃれに

CSSを適用してみたものの、メニューのフォントが野暮ったい印象ですね。

通常、ブラウザは、ユーザーの端末に入っているフォントしか表示できません。Webフォントは、サーバー上のフォントファイルを使います。そのため、ユーザーの端末・環境にかかわらず、同じ書体で表示できます。

◆すぐできる!　Google FontsでWebフォント導入

Webフォントの設定って難しそう？　いえいえ、実はとっても簡単に設定できるんですよ。Google Fontsというサービスを使ってみましょう。Google Fontsには、次のようなメリットがあります。

- 何百ものWebフォントから選べる
- 商用・非商用を問わず無料で利用可能
- フォントファイルをアップロードする手間がいらない

次のようにして、設定してみましょう。

❶ Google Fonts（https://fonts.google.com/）にアクセスします。

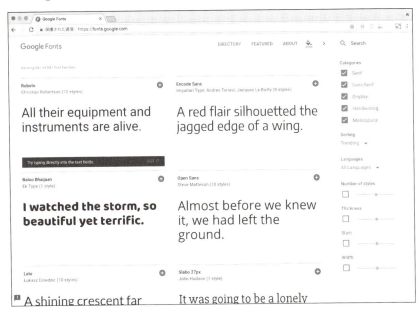

❷ 今回はMontserratという可読性の高い英文フォントを使ってみましょう。検索窓に「Montserrat」と入力（1）してください。次に、使いたいフォント（今回はMontserrat）の「＋」マークをクリック（2）してください。

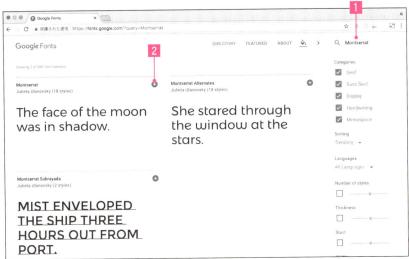

SECTION 23 ● HTMLファイルとCSSファイルを繋ごう

❸ 下にバー（1）が出てくるのでクリックします。

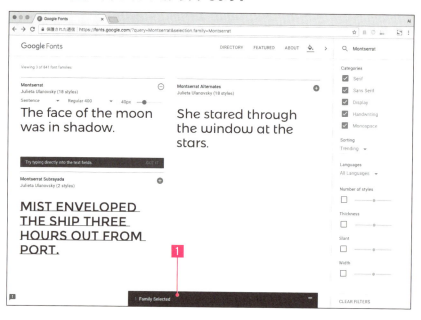

❹「STANDARD @IMPORT」欄のHTMLコード（1）をコピーし、head要素内にペーストします。

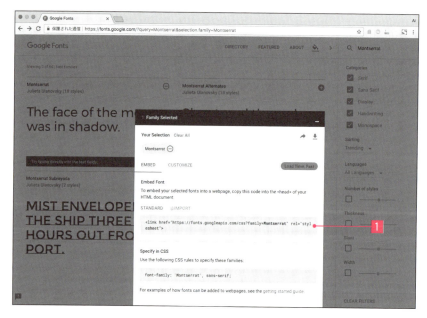

SECTION 23 ■ HTMLファイルとCSSファイルを繋ごう

<実践> 色付きの部分を書き込もう　　　▼item01.html

```
<head>
〜省略〜
  <link href="https://fonts.googleapis.com/css?family=Montserrat"
    rel="stylesheet">
</head>
```

❺ 後は、適用したい要素にfont-familyを設定するだけです。

▼common.css　　　　　　　　　　　　　　　　　SOURCE CODE

```
header nav ul li a{
  color: #FFF;
  font-family: "Montserrat",sans-serif; /* フォントを指定 */
  font-size: 16px;
  padding: 0 1em;
}
```

　font-familyは、フォントを指定できるプロパティです。「,」(カンマ)で区切ることで複数指定可能です。左に書いたフォントから優先的に適用されます。上記のソースコードは「何らかの問題でMontserratを読み込めなかった場合はsans-serifを適用する」という記述になっています。

 font-familyの設定は私が書いておいたから、CSSは編集しなくていいわよ。

これで、Webフォントの導入が完了しました。

▼ビフォー

▼アフター

COLUMN 知っているとちょっとプロっぽい！　クロスブラウザ対応

「Google Chromeで見たときと、Internet Explorerで見たときの表示のされ方が違う」といった現象は往々にして見受けられます。ブラウザの種類やバージョンによっては、HTML5・CSS3で初めて登場した機能に対応していないことがあるからです。

そこで、複数のブラウザで見ても同じ表示になるように調整する必要があります。この調整作業を**クロスブラウザ対応**と言います。

▼クロスブラウザ対応の例（HTMLファイルのhead要素内に記述）　　SOURCE CODE

```
<!--[if lt IE 9]>
  <script src="js/html5.js"></script>
  <script src="js/css3-mediaqueries.js"></script>
<![endif]-->
```

こう書けば、Internet Explorer（以下IE）の旧バージョンにもHTML5とCSS3を適用できます。「<!--[if lt IE 9]>」という記述は、「もしIE9未満ならば」という意味です。閲覧している人のブラウザがIE9より昔のバージョン（IE6、IE7、IE8など）だった場合、次のJavaScript（198ページ参照）を読み込ませています。

JavaScript	機能
html5.js	HTML5から新しく登場した要素を認識させる
css3-mediaqueries.js	CSS3のメディアクエリ（デバイスの種類や画面幅によって、適用するスタイルを振り分けられる機能。188ページ参照）が効くようにする

2016年現在、日本国内のブラウザシェア率は、Internet Explorerが約40%、Google Chromeが約35%、Firefoxが約15%と、各種ブラウザに散っている状態です。存在するすべてのブラウザで同じ表示にするのは難しいですが、できる限り見え方の揺れを減らせるのが理想的ですね。

SECTION 24 文字の大きさ・色を変えてみよう

4 ～CSS～その見た目、華やかにしてあげる！～

CSSで価格の部分を目立たせてみましょう。

CSSは意外とカンタンです！ さっそくチャレンジしてみましょう。

SECTION 24 ● 文字の大きさ・色を変えてみよう

文字の大きさを変更する

　今のままだと価格の文字サイズが小さくて読みにくいですね。大きくしてみましょう。

▼ビフォー

▼アフター

SECTION 24 ■ 文字の大きさ・色を変えてみよう

文字サイズを変えるには**font-sizeプロパティ**を使います。common.css
を開いて、商品ページの装飾部分を編集しましょう。

＜実践＞ 色つきの部分を書き込もう！ ▼common.css

```css
/* 商品ページの装飾
-------------------------------------------- */
.cartarea {
  border-top: 1px dotted #CCC;
  text-align: center;
}

.price {
  font-size: 2em;
}
```

106ページで、あらかじめ要素に印を付けておきましたよね。その印が今、役立ちます。「.price」と指定することで、「class="price"」という印が付いている要素だけにスタイルを適用することができるのです。これで価格の文字サイズが大きくなりました。

SECTION 24 ● 文字の大きさ・色を変えてみよう

「font-size: 2em」ってどういう意味？

「もともと適用されている文字サイズを1としたとき、その2倍の大きさにする」という意味よ。ちなみに、もともとの文字サイズは16pxで指定されているから、その2倍の32pxで表示されるわね。

px（ピクセル）って何？

パソコンやスマートフォンのディスプレイモニタは、細かい粒の集まりでできているでしょう。
その1粒が「1ピクセル」なのよ。
たとえば32pxなら、1ピクセルが縦32個・横32個に並んだ正方形が、1文字分の領域になるわ。

CSSって、そんなに小さな単位を操れるんだ。Web界のアイドルの名は伊達じゃないね！

◆ 大きさ・長さの単位

　CSSは大きさ・長さの単位が豊富です。その中でも、特に頻繁に使われる単位を紹介します。

単位 （読み方）	説明	使用例
px （ピクセル）	ディスプレイモニタの1ピクセルの長さを1とした単位	/* 横幅100pxで 　表示される */ div { width: 100px; }
% （パーセント）	親要素の領域や初期値を基準として、%で相対的にサイズを指定	/* 親要素の横幅の80%で 　表示される */ div { width: 80%; }
em （エム）	適用される要素のfont-sizeを1とした倍率	/* 16px × 2 = 32pxで 　表示される */ body { font-size: 16px; } p { font-size: 2em; }

SECTION 24 ■ 文字の大きさ・色を変えてみよう

文字色を変更する

価格の部分が目立つように、文字色を赤くしてみましょう。

▼ビフォー

▼アフター

SECTION 24 ● 文字の大きさ・色を変えてみよう

文字色を変えるにはcolorプロパティを使います。

＜実践＞ 色つきの部分を書き込もう！ ▼common.css

```
.price {
  color: #C00;
  font-size: 2em;
}
```

これで価格の文字サイズが赤くなりました。

▼アフター

◆ 色の指定方法

これまでの例では、色はblack、white、redといった色の名前で指定してきました。実は、CSSには他にも色の指定方法があります。

ディスプレイモニタに表示される色は、赤（Red）・緑（Green）・青（Blue）の3色で表現されています。このRGBそれぞれの値を指定することでも色を指定することができます。

RGBの値を指定する方法はいくつかの形式があります。1つは、記号「#」に続けて、RGBそれぞれの値を2桁ずつの16進数（0～9+A～F）で指定する形式です。それぞれの値が00に近いほどその色が弱く、FFに近いほど強くなります。

たとえば赤の場合、10進数と16進数で表すと、それぞれ次のようになります。

進数	Red	Green	Blue
10進数	204	0	0
16進数	CC	00	00

つまり、赤は「#CC0000」と表すことができます。

また、「#CC0000」のように、各2桁がそれぞれ同じ数字になっている場合、「#C00」と省略して書けます。

その他、16進数を使わずにRGBの値を10進数で指定することもできます。その場合は、「rgb(204,0,0)」のように、「rgb()」のカッコ内にRGBの値を「,」(カンマ)で区切って指定します。

SECTION 25 セレクタの詳細度 CSSには上下関係がある?

CSSは、「先に宣言されたルールセットが、後から宣言されるルールセットによって上書きされる」という特徴がありますが…

順番を守って書いたはずなのに、後ろに書いたルールセットが反映されないことがあります。

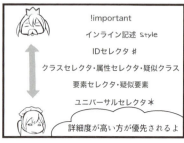

そんなときは、セレクタ同士の上下関係が影響しています。

それぞれの上下関係を覚えれば、CSSを使いこなせるようになりますよ。

SECTION 25 ■ セレクタの詳細度 CSSには上下関係がある?

後から書いたルールセットが反映されない例

わかばちゃんは販売価格の文字色を赤から青に変えたくて、こんなコードを書きました。

▼HTML

```
<span class="price">2,980</span>円(税込)
```

▼CSS

```
.price { color: red; }
span { color: blue; } /* わかばちゃんが新規追加したルールセット */
```

▼表示結果

2,980円(税込)

あれ? 「span要素を青文字にする」って指定したのに、赤文字のままだよ。
後ろに書いたルールセットが優先されるはずなのに、なんでだろう?

なんでそうなっちゃうか知りたい?
ズバリ、.priceが勝って、spanが負けたのよ!

勝ち負けがあるの?

強いものが勝ち、弱いものは淘汰される。CSSの世界はシビアなのよ。

SECTION 25 ● セレクタの詳細度　CSSには上下関係がある?

強いものが勝つ!　セレクタ同士の熾烈なバトル

スタイルが重複すると、ブラウザはセレクタの強さを比べます。そして、「こっちのほうが強い」と判定された方のスタイルを画面に表示します。Webページの見た目は、セレクタ同士のバトルによって形作られているのです。

わかりやすいように、強い順に表にまとめたわ。

▼セレクタ強い順

セレクタの種類		強さを喩えると
!important		我の強い王様
インライン記述		アウトローな大臣
IDセレクタ		孤高の王女様
クラスセレクタ・属性セレクタ・疑似クラス		3種類の将軍
要素セレクタ・疑似要素		2種類の兵士
ユニバーサルセレクタ		凄腕のメイド

4　CSS〜その見た目、華やかにしてあげる!〜

さきほどの例に当てはめてみましょう。

記述	セレクタの種類	強さ
.price { color: red; }	クラスセレクタ	将軍（勝ち）
span { color: blue; }	要素セレクタ	兵士

クラスセレクタの強さは「将軍」、要素セレクタの強さは「兵士」です。将軍と兵士では、どちらの意見が優先されるでしょうか。将軍ですね。そのため、「color: red; にしなさい」という将軍の命令がブラウザ上に反映されたのです。

ところで、!importantやユニバーサルセレクタなど、初めて見る言葉がたくさんありますね。それぞれどんな性格か見てみましょう。

◆ !important　我の強い王様

!importantを喩えるなら「わがままで発言力の強い王様」です。値の後ろに!importantと書くと、そのスタイルがどこで宣言されたとしても、最優先されます。

ただし、!importantの多用は避けましょう。あまりにも優先度が高いため、後からスタイルを上書きしたくなったとき、修正に苦しむことになります。

▼CSS

```css
.price { color: red; }
.price { color: blue; } /* こちらが適用される */
```

この場合、後ろに書いたスタイルが優先されますから、要素は青文字になります。

SECTION 25 ● セレクタの詳細度　CSSには上下関係がある?

▼CSS　　　　　　　　　　　　　　　　　　　　　　　　SOURCE CODE

```
.price { color: red !important; } /* こちらが適用される */
.price { color: blue; }
```

ところが、!importantと書くと、無条件でそのスタイルが優先されます。要素は赤文字になります。

記述	セレクタの種類	強さ
span { color: red !important; }	!important	王様
span { color: black; }	要素セレクタ	兵士

なんで!importantは多用しちゃだめなの?
!importantって書くだけで、そのスタイルは最優先されるんでしょ。便利じゃん。

そんな軽い気持ちで!importantを使うと後が大変よ。
!importantが多用されているCSSは、いわば1つのお城に王様が何人もいるようなものよ。
王様Aは「赤文字にしろ」、王様Bは「黒文字にしろ」、王様Cは「いやいや、青文字にしろ」と口々に言っている状態を想像してみなさい。

それはやっかいね。

しかも、王様の意見を上書きできるのは王様だけなの。
つまり、スタイルを上書きしたくなったら、また別の王様を作らなくちゃいけないのよ。

考えただけで頭が痛くなる…。

SECTION 25 ■ セレクタの詳細度　CSSには上下関係がある？

そうでしょう。だから、Webデザインの現場では、よっぽどのことがない限り!importantは使わないの。
でも安心して。これから紹介する各セレクタの性格を知っておけば、!importantを使わずにCSSが書けるはずよ。

◆インライン記述　アウトローな大臣

インライン記述とは、HTMLのstyle属性に直接、書き込む方法です。この書き方は、ひと昔前までは使われていましたが、今となっては好まれません。HTMLの役割は、文書構造を示すことであって、装飾することではないからです。

▼HTML　**SOURCE CODE**

```
<span style="color: red;">2,980</span>円（税込）
```

140ページでも解説したとおり、インライン記述でびっしりとスタイルを指定してしまうと、後で修正したくなったときに大変時間がかかります。本来ならCSSファイルを1つ修正するだけで済むはずのところを、HTMLファイルを1つひとつ開いて修正する必要があるからです。

◆IDセレクタ　孤高の王女様

この王女様はプライドが高く、城内に同じ名前の王女がいることを許しません。108ページで学んだとおり、同じ名前のid属性が使えるのは、1ページ内で一度だけです。その特性上、王女様の命令は強力です。王女様は、王様・大臣には逆らえませんが、将軍・兵士・メイドなら従わせることができます。

▼HTML　**SOURCE CODE**

```
<span id="sale" class="price">2,980</span>円（税込）
```

IDセレクタの印は「#」（シャープ）です。「#」に続けて、目当てのid属性値を書きます。

SECTION 25 ● セレクタの詳細度　CSSには上下関係がある？

▼CSS

```
#sale { color: blue; } /* こちらが適用される */
.price { color: red; }  /* 適用されない */
span { color: black; }  /* 適用されない */
```

記述	セレクタの種類	強さ	
#sale { color: blue; }	IDセレクタ	（勝ち）	王女様
.price { color: red; }	クラスセレクタ		将軍
span { color: black; }	要素セレクタ		兵士

　一番強いのはIDセレクタの#saleです。よって「2,980」の文字は青色で表示されます。

　この例では、見た目を指定するためだけにIDセレクタを使っていますが、実際のソースコードではこのような記述は避けましょう。IDセレクタをむやみに使うと、後で上書きしたくなったとき障壁になりがちです。

　見た目の指定だけなら、次に紹介するクラスセレクタで十分対応できます。

◆ クラスセレクタ・属性セレクタ・擬似クラス　3種類の将軍

　クラスセレクタ・属性セレクタ・擬似クラスの3つは、同じ階級の将軍だと思えばわかりやすいでしょう。王様・大臣・王女様の命令には逆らえませんが、兵士とメイドは従わせることができます。

SECTION 25 ■ セレクタの詳細度　CSSには上下関係がある?

クラスセレクタはclass属性で要素を選択できるセレクタです。ID属性と違って、1ページ内で同じ名前のclass属性を何度も使えます。

▼HTML

```
Tシャツ：<span class="price">2,980</span>円（税込）<br>
パーカー：<span class="price">1,480</span>円（税込）
```

クラスセレクタの印は「.」（ドット）です。「.」に続けて、目当ての要素のクラス属性値を記述します。

▼CSS

```
.price { color: red; }  /* こちらが適用される */
span { color: black; }  /* 適用されない*/
```

▼表示結果

Tシャツ：2,980円（税込）
パーカー：1,480円（税込）

属性セレクタは、属性・属性値の有無によって、要素を選択できるセレクタです。

▼HTML

```
<h1>おすすめリンク集</h1>
<ul>
  <li><a href="http://www.c-r.com/">C&R研究所</a></li>
  <li><a href="https://www.w3.org/">W3C - World Wide Web Consortium</a></li>
  <li>
    <a href="http://webdesign-manga.com/">
      マンガでわかるWebデザイン 本サイト
    </a>
  </li>
  <li>
    <a href="https://twitter.com/webdesignManga">
      マンガでわかるWebデザイン ツイッター
    </a>
  </li>
</ul>
```

SECTION 25 ● セレクタの詳細度　CSSには上下関係がある?

▼CSS

```
/* hrefの属性値に"web"を持つa要素を赤文字にする */
a[href*="web"] { color: red; }
```

▼表示結果

> おすすめリンク集
> ・C&R研究所
> ・W3C - World Wide Web Consortium
> ・マンガでわかるWebデザイン 本サイト
> ・マンガでわかるWebデザイン ツイッター

擬似クラスは、ある要素が特定の状態にあるときに限定してスタイルを適用するセレクタです。たとえば「リンク先を閲覧する前」「閲覧した後」「カーソルが上に乗っているとき」、それぞれ文字色を変えるといったことが可能です。

▼CSS

```
a:hover{ color: red; } /* カーソルが乗っているときだけ赤文字にする */
```

▼表示結果

> おすすめリンク集
> ・C&R研究所
> ・W3C - World Wide Web Consortium
> ・マンガでわかるWebデザイン 本サイト
> ・マンガでわかるWebデザイン ツイッター

なお、疑似"クラス"という名前ではあるものの、class属性との関係はありません。

◆ 要素セレクタ・疑似要素　2種類の兵士

要素セレクタ・疑似要素は、同じ階級の兵士です。王様・大臣・王女様・将軍には逆らえませんが、メイドよりは発言力があります。

要素セレクタは、その名の通り、要素の種類をそのまま使って指定するセレクタです。

▼HTML

```
<span>2,980</span>円（税込）
```

▼CSS

```
span { color: red; } /* わかばちゃんが新規追加したルールセット */
```

▼表示結果

2,980円（税込）

疑似要素を使えば、HTMLでマークアップされていない範囲に対してスタイルを適用させることができます。たとえば、ある要素の1文字目だけ色を変えたり、HTML上では存在していない要素を追加したりできます。

先ほど紹介した疑似クラスの指定はコロン1つなのに対し、**疑似要素の指定はコロン2つ**です。似ているので注意しましょう。

▼HTML

```
<p>CSSちゃんは超人気ネットアイドル</p>
<p>メジャーデビューも近い!?</p>
```

▼CSS

```
p::after {
  content: "（本人談）";
}
```

SECTION 25 ● セレクタの詳細度　CSSには上下関係がある？

▼表示結果

> CSSちゃんは超人気ネットアイドル（本人談）
> メジャーデビューも近い！？（本人談）

ちょっと！　私のプロフィールサイトに何してくれてるのよ！

いや〜、CSSって、わかってくるとおもしろいよねぇ。

◆ ユニバーサルセレクタ　凄腕のメイド

　ユニバーサルセレクタを喩えるなら「凄腕のメイド」です。ページ内のすべての要素に影響を与える能力を持っていますが、なんにせよ権力がありません。王様や王女様からの命令はもちろん、誰からの命令でも従います。

　「*」（アスタリスク）がユニバーサルセレクタの印です。

▼CSS　　　　　　　　　　　　　　　　SOURCE CODE

```
* { /* デフォルトで設定されている余白をリセットする */
  margin: 0;
  padding: 0;
}
```

　ユニバーサルセレクタは、かつてCSSリセットに使われていた時期がありました。

CSSリセットって何？

各ブラウザにはそれぞれ独自のスタイルが設定されているの。ブラウザごとの見え方の違いを統一するために、デフォルトのスタイルを一旦リセットする。それが、CSSリセットよ。

ユニバーサルセレクタを使うと、すべての要素に一括でスタイルを与えられるので便利です。しかし、裏を返せば次のようなデメリットがあります。
- デフォルトのスタイルのよいところを打ち消してしまう
- リセットした分は、自分の手で作り直す必要がある（作業時間の増加・CSSの肥大化）

そういうわけで、現在は「ユニバーサルセレクタは使わず、必要な要素だけを指定してリセットする」という方法が主流です。

強さを数値化してみよう

セレクタの強さの判断基準について、もう少し詳しい話をしましょう。実は、セレクタはそれぞれ詳細度という数値を持っています。

▼セレクタごとの詳細度

セレクタの種類	詳細度
!important	詳細度に関係なく最優先される
インライン記述	1.0.0.0
IDセレクタ	0.1.0.0
クラスセレクタ・属性セレクタ・疑似クラス	0.0.1.0
要素セレクタ・疑似要素	0.0.0.1
ユニバーサルセレクタ	0.0.0.0

どういうこと？　いまいちよくわからないや。

簡単よ。各階級ごとの人数を数えればいいのよ。

SECTION 25 ● セレクタの詳細度　CSSには上下関係がある?

▼詳細度の例

セレクタ	詳細度			
	大臣	王女	将軍	兵士
p	0	0	0	1
.class	0	0	1	0
.class1 .class2	0	0	2	0
p.class	0	0	1	1
p.class::after	0	0	1	2
#id	0	1	0	0
#id p	0	1	0	1

この中だと、一番弱いセレクタは、詳細度0.0.0.1の「p」だね。
一番強いセレクタは、詳細度0.1.0.1の「#id p」だね。
こうやって強さが決まるんだぁ。

◆ 便利!　詳細度を計算できるツール

簡単な記述の場合は、ある程度頭の中で計算することができますが、複雑な記述だとどんぶり勘定になりがちです。そんなときに役立つのがこちらのWebサイトです。

- **Specificity Calculator**
  - URL http://specificity.keegan.st/

▼Specificity Calculator

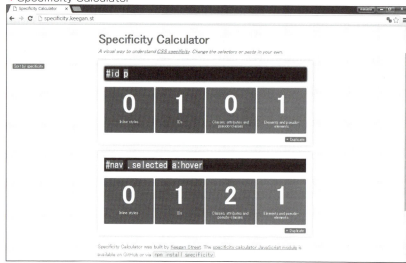

セレクタをコピー&ペーストするだけで、詳細度を計算してくれます。わかりやすく色分けされるので、どのセレクタがどの数値に影響しているか一目瞭然です。

> **COLUMN** 詳細度は「階級ごとの人数」で考えよう
>
> 少し詳しい方なら「詳細度はポイント制」だと聞いたことがあるかもしれませんね。次のような具体です。
>
> - インライン記述は1000ポイント
> - IDセレクタは100ポイント
> - クラスセレクタは10ポイント
> - 要素セレクタは1ポイント
>
> 実は、この考え方には罠があります。
>
> ▼ポイント制で考えた場合
>
> | セレクタ | 詳細度 |
> |---|---|
> | #id1 #id2 { | 100 + 100 = 200 |
> | #id1 .class1 .class2 … .class11 { | 100 + 10 × 11 = 210 ← こちらの勝ち？ |
>
> どこがおかしいか気付きましたか？
> この考え方だと「将軍10人＝王女様1人分の権力」になってしまいます。「将軍が10人集まれば王女様に命令できる」というルールは、CSSにはありませんよね。
>
> ▼階級ごとの人数を数えた場合
>
> | セレクタ | 詳細度 | | | |
> |---|---|---|---|---|
> | | 大臣 | 王女 | 将軍 | 兵士 |
> | #id1 #id2 { | 0 | 2 | 0 | 0 ← 正しくはこちらの勝ち |
> | #id1 .class1 .class2 … .class11 { | 0 | 1 | 11 | 0 |
>
> こちらが正しい数え方です。
>
> 以上、「ポイント制で考えると、勝ち負けが逆転して見えてしまうことがある」という豆知識でした。詳細度は階級ごとの人数で考えましょう。

SECTION 26 パディングとマージンの違い

パディングとマージンの違いを学びましょう。最初はややこしく思うかもしれませんが、一度イメージをつかめば大丈夫です。

パディングは<u>要素を太らせる</u>イメージ

マージンは<u>立入禁止エリアを広げる</u>イメージ

もし、パディングとマージンがなければ、隣り合う要素同士が、余白なくぴったりとくっついてしまいます。
パディングとマージンを駆使して、要素同士の間隔を操れば、思い通りのレイアウトを作ることができます。

図解でわかるパディングとマージン

　Webページを作成していく中で「要素の間に余白を作りたい」ということがあるでしょう。そんなときに使うのがパディングとマージンです。

　どちらを使っても、余白を作ることができます。しかし、余白の意味合いが異なります。

機能	説明
パディング	ボーダーの内側の余白
マージン	ボーダーの外側の余白

　これだけでは、どういうことかわかりませんね。そこで、イラストにしてみました。

　実は、Webページに配置される画像や文字は、3つの層で囲われています。内側から順に、パディング・ボーダー・マージンです。これをボックスモデルと呼びます。

　この3つの層の存在を確かめるために、CSSでこの見た目を再現してみましょう。ダウンロードしておいたフォルダの中から、「プチレッスン」フォルダを開いてください。

▼box01.html　　　　　　　　　　　　　　　　　　　SOURCE CODE

```
<img class="frame" src="images/wakaba.jpg">
```

SECTION 26 ● パディングとマージンの違い

▼css/box.css

```css
.frame {
    background-color: #FFF6FA;
    border: 10px solid #FF90C7;
    padding: 30px;
    margin: 60px;
}
```

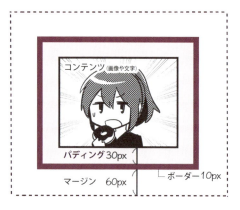

▼CSS適用前

▼CSS適用後

それぞれ、次のように使います。

- パディングは要素を太らせるイメージ
- マージンは立入禁止エリアを広げるイメージ

パディング（要素を太らせた部分）には、背景色が塗られます。マージン（立ち入り禁止エリア）には、背景色が塗られません。

この性質を使うと、次のようにボタンのスタイルを整えることができます。

❶ パディングもマージンも指定していない状態です。

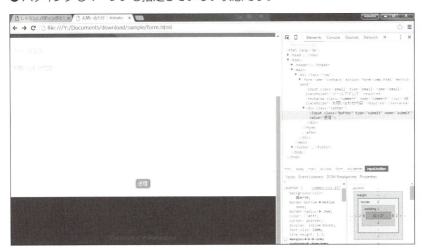

❷ ボタンが小さすぎるので、太らせるためにパディングを指定しました。

❸ まわりの要素との余白が少なく、窮屈に見えてしまうので、要素の下にマージンを指定してスペースをとりました。

📝 パディングとマージンの指定方法いろいろ

パディングとマージンを指定する方法には、いろいろな種類があります。

◆ 上下左右を一括で指定する

一括で上下左右の余白を指定できる、便利なプロパティです。

プロパティ	意味
padding	上下左右のパディングを一括指定する
margin	上下左右のマージンを一括指定する

値の書き方は4パターンあります。

パターン	記述例(意味)
padding: 上下左右;	padding: 10px; (上下左右に10pxずつ)
padding: 上下 左右;	padding: 10px 20px; (上下は10pxずつ、左右は20pxずつ)
padding: 上 左右 下;	padding: 10px 20px 30px; (上は10px、左右は20pxずつ、下は30px)
padding: 上 右 下 左;	padding: 10px 20px 30px 40px; (上は10px、右は20px、下は30px、左は40px)

「値を4つ指定するときは、上から時計周りに指定する」と覚えておくとよいでしょう。

◆ 上下左右を個別に指定する

上・下・左・右、それぞれ個別に指定することもできます。

プロパティ	意味
padding-top	上のパディングを指定する
padding-bottom	下のパディングを指定する
padding-left	左のパディングを指定する
padding-right	右のパディングを指定する
margin-top	上のマージンを指定する
margin-bottom	下のマージンを指定する
margin-left	左のマージンを指定する
margin-right	右のマージンを指定する

マージンの例外！ 縦に並ぶと重なりあう

マージンは「立ち入り禁止エリアを広げるイメージ」だと解説しましたが、例外があります。要素が縦に並んだときだけ、隣接している部分のマージンが重なり合います。たとえば、上下のマージンが60pxずつ指定されている要素が縦に並んだ場合、60px+60pxで、余白は120pxになるはずですよね。ところが実際は、60pxと60pxが重なり合い、余白は60pxになります。

SECTION 26 ● パディングとマージンの違い

とは言っても、マージンって透明じゃん。
Webページだけ見ても、どこからどこまでがマージンなのか、さっぱりわからないよ。

そんなときは**デベロッパーツール**で確認してみなさい。
元からGoogle chromeについている機能だから、わかばちゃんでもすぐ使えるわ。

❶「プチレッスン」フォルダ内の、box02.htmlをブラウザで開きます。確認したい要素の上で右クリックし、検証（1）をクリックします。

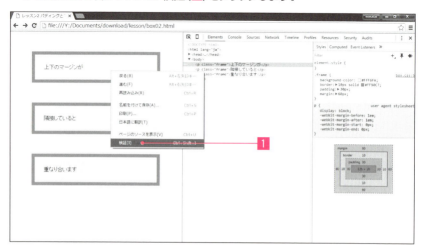

❷ 該当のHTML、CSSがハイライトされます。

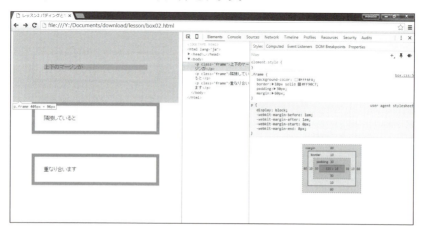

SECTION 26 ■ パディングとマージンの違い

❸ ボックスモデルの図にマウスを乗せると、該当箇所に色が付き、Webページ上のどの部分が指定されているかが一目瞭然です。

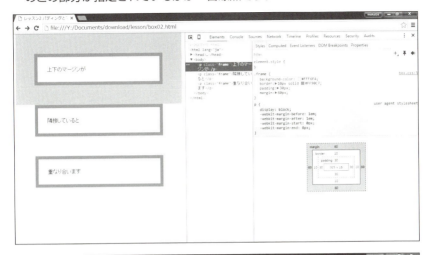

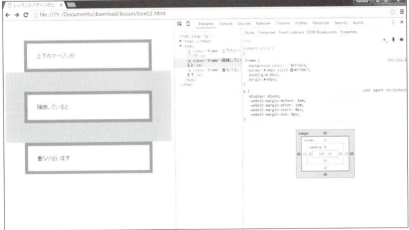

おお〜！ これなら、マージンが重なっている様子がよくわかるね。

SECTION 27
フロートで要素を回り込ませよう

フロートは、「浮く」という意味です。

要素を左か右にフロート（浮動）させることができます。

SECTION 27 ■ フロートで要素を回り込ませよう

フロートを使うとどうなるの?

floatプロパティを使うと、要素を左か右に寄せて配置できます。このとき、後ろに続く要素は、順に回り込みます。

floatに指定できる値	意味
left	左側にフロートさせる
right	右側にフロートさせる
none	フロートしていない通常の状態にする

▼フロートを指定していないとき

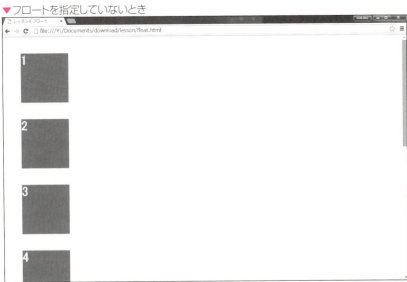

▼CSS　　　　　　　　　　　　　　　　　　　　　SOURCE CODE

```
.float {
  float: none;
}
```

SECTION 27 ● フロートで要素を回り込ませよう

▼左側にフロートさせたとき

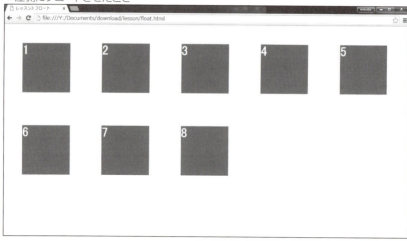

▼CSS

```
.float {
  float: left;
}
```

▼右側にフロートさせたとき

▼CSS

```
.float {
  float: right;
}
```

フロートを解除する方法

一度フロートを指定してしまうと、後ろに続く要素が回り込み続けてしまいます。フロートを終わらせたいときにはどうすればよいのでしょうか。

▼フロートを解除したい

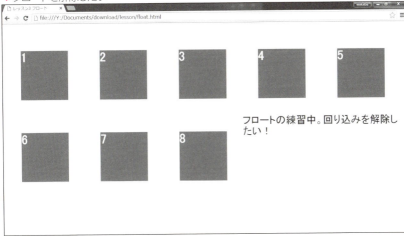

そんなときには、**clear（クリア）プロパティ**よ。
指定した要素の直前でフロートを解除できるわ。

「プチレッスン」フォルダを開いて色付きの部分を追加しましょう。

＜実践＞ 色つきの部分を書き込もう! ▼float.html

```
〜省略〜
<div class="box float">1</div>
<div class="box float">2</div>
<div class="box float">3</div>
<div class="box float">4</div>
<div class="box float">5</div>
<div class="box float">6</div>
<div class="box float">7</div>
<div class="box float">8</div>
<p class="clear">フロートの練習中。回り込みを解除したい！</p>
〜省略〜
```

SECTION 27 ● フロートで要素を回り込ませよう

＜実践＞ 色つきの部分を書き込もう！　　　▼float.css

```css
@charset "utf-8";

.box {
  width: 150px;
  height: 150px;
  margin: 50px;
  background-color: #888;
  color: #FFF;
  font-size: 3em;
}

p {
  font-size: 2em;
}

.float {
  float:left;
}

.clear {
  clear: both;
}
```

▼フロートの解除が成功しました

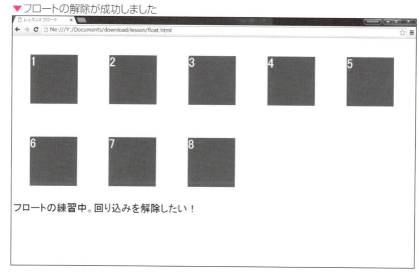

SECTION 27 ■ フロートで要素を回り込ませよう

フロートを使いこなせば、思い通りにレイアウトできるようになるわよ。
実は、ここにもフロートが使われているわ。

本当だ！ フロートを使っているから、画像と説明文を横に並べられているんだね。

SECTION 28 スマートフォンでも見やすくする方法

パソコンでの閲覧を想定して作られたwebページを、スマートフォンで閲覧したことはありますか。
小さな画面の中に、パソコン用のレイアウトがそのまま縮小されて表示されるため、文字や画像が小さくなり、タップがしにくい状態になります。これはストレスですね。

CSSを使って、スマートフォンでの閲覧に対応させることができます。

画面の横幅を狭めるだけで、右のカラムが段落ちし、画像が横幅いっぱいに広がります。これならスマートフォンでも見やすいですね。

スマートフォンでも見やすくしてみよう

　ひと昔前まで、Webページはパソコンのディスプレイで見ることが当たり前でした。しかし、スマートフォンやタブレットが普及した今、むしろパソコンでWebページを見る機会のほうが減ってきていると言われています。

　「異なる画面サイズでも問題なく閲覧できるWebページは作れないものか」そんな問題を解決するために考え出されたのがレスポンシブWebデザインです。

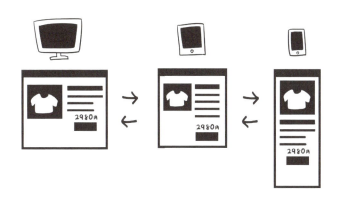

レスポンシブWebデザインの概念

提唱者であるイーサン・マーコット氏による概念は次の通りよ。

- フレキシブルでグリッドベースのレイアウト
- フレキシブルな画像やメディア
- CSS3の機能「メディアクエリ」の使用

フレキシブルってどういう意味？

「柔軟な・融通の効く」という意味よ。
画面サイズに応じて、レイアウトや画像のサイズを変えられるの。
すでに、わかばちゃんのWebページを、簡単なレスポンシブWebデザインにしておいたわ。
ほら、ブラウザの横幅を狭めてみなさい。

SECTION 28 ● スマートフォンでも見やすくする方法

右側にあったボックスが段落ちして、画像が横幅いっぱいに広がったよ！ これならスマホで閲覧したときも見やすいね。

SECTION 28 ■ スマートフォンでも見やすくする方法

🖌 レスポンシブWebデザインのメリット

レスポンシブWebデザインのメリットは次の通りです。

◆ HTMLファイルの維持管理の手間が省ける

　従来は、パソコン表示用とスマートフォン表示用とでそれぞれ異なるHTMLファイルを用意し、ユーザーが使っている端末の種類によってサーバー上で振り分ける方法が一般的でした。この方法の場合、文章を一部修正するだけでも2つのHTMLファイルを更新する必要があります。

　それに対し、レスポンシブWebデザインでは、振り分けはCSSが行ってくれるので、1つのHTMLファイルを更新すればOKなのです。

◆ URLを統一できる

　端末の種類ごとに表示をサーバー上で振り分ける場合、仕組み上URLを別々にすることがあります。レスポンシブWebデザインだと、パソコンから見たときもスマートフォンから見たときもURLは同じです。

　URLが統一されていると良いことは、たとえば、「おもしろい記事を見つけた。ツイッターでつぶやきたい」というときに、パソコン用とスマートフォン用でそれぞれ別のURLがあると、どちらをつぶやけばいいのか迷ってしまいますよね。レスポンシブWebデザインはURLが1つなので、ユーザーがWebページを簡単にシェアできます。

　また、Googleが公開している「モバイルSEOガイド」において、レスポンシブWebデザインは推奨されています。URLが統一されていると、次のようにSEO（267ページ参照）の面でもメリットがあります。

- Googleによるクロールの効率が上がる
- Googleのインデックスプロパティの割り当てが正確に行われる

🖌 レスポンシブWebデザインのデメリット

　いいことずくめに見えるレスポンシブWebデザインにも、次のようなデメリットがあります。

　場合によってはレスポンシブWebデザインが最適な選択ではないこともあるのです。

◆サイトの容量が大きくなる

レスポンシブWebデザインでは、スマートフォンもパソコンも基本的に同じソースコード・同じ画像を読み込みます。そのため、スマートフォン専用に作られたページと比べてロード時間が長くなってしまいがちです。

◆レイアウトの自由度が低くなる

同じHTMLソースを使い、CSSのみで表示を切り替えるレスポンシブWebデザイン。その特性上、レイアウトの融通が効かない場合もあります。制作を請けるときには、事前に理解を得ておく必要があるでしょう。

見た目を変える仕組み

ところで、レスポンシブWebデザインは、どのような仕組みで見た目を変えているのでしょうか。

画面の横幅によって私が命令を出しているの。この機能は**メディアクエリ**って言うのよ。

▼common.css　　　　　　　　　　　　　　　　　　　　　SOURCE CODE

```
/* ---------------------
   画面の横幅が599px以下の場合に適用（スマートフォン用）
   --------------------- */
@media screen and (max-width: 599px) {
  .col {
    float: none; /* フロート解除して縦一列に並べる */
    margin-left: 0; /* 左のマージンを0にする */
    width: auto; /* 横幅いっぱいに表示する（％指定をリセット） */
  }
  .row {
    padding: 0 8px; /* 左右に8pxの余白を設ける */
  }
}
```

「@media screen and (max-width: 599px)」という記述で、**横幅が599px以下の場合**という条件を指定しているんだね。

そうよ。横幅が599以下になったときだけ、.colと.rowのスタイルを上書きしているの。

SECTION 28 ■ スマートフォンでも見やすくする方法

上書き…?
そうか、**同じ詳細度なら、後ろに書いたルールセットが優先される**というCSSの性質を使っているんだ!

この短期間でそこまで理解したなんて。私が見込んだだけのことはあるわね。
Web界のアイドルナンバー2にしてあげるからついてきなさい!

アイドル!? 私そういうのはちょっと…うわっ、やめろ、何をする!

SECTION 28 ● スマートフォンでも見やすくする方法

COLUMN マンガでわかる文字化けの原因

◆文字化けとは

日本語で書かれているはずの文章が、意味不明な文字や記号の羅列になっているWebページを見たことはありませんか？ この現象を「文字化け」と言います。ブラウザが文字コードの判定に失敗している状態です。

◆文字化けが起きてしまったら

文字化けが起きてしまったら、次の2つを一致させましょう。
- head要素で指定されている文字コード規格
- HTMLファイル自体の文字コード規格

この2つを一致させることで、ほとんどの場合、文字化けは直ります。

◆head要素で指定されている文字コード規格をチェック

まず、head要素内で指定されている文字コード規格を確認します。

▼HTML　　　　　　　　　　　　　　　　　　　　　SOURCE CODE

```
<head>
  <meta charset="utf-8">
  〜省略〜
</head>
```

上記の例だと、UTF-8が指定されていることがわかります。

`meta charset`を指定して、ブラウザに「この文字コード規格で表示してください」と伝えてあげましょう。

◆HTMLファイル自体の文字コード規格をチェック

HTMLファイル自体がどの文字コードで保存されているかは、エディタで確認できます。

SECTION 28 ● スマートフォンでも見やすくする方法

　Atomの場合、画面右下に、現在開いているファイルで使われている文字コード規格が表示されています。
　変更したい場合は、その部分(この例の場合UTF-8)をクリックします。

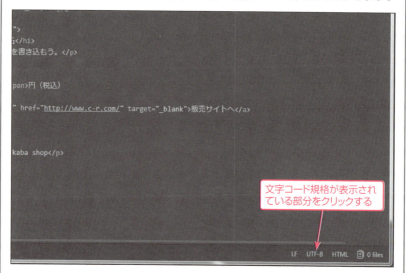

文字コード規格が表示されている部分をクリックする

　すると、文字コード規格の選択画面が表示されます(デフォルトではUTF-8になっています)。

文字コード規格の選択画面が表示される

　head要素内で指定した文字コード規格と同じ規格に設定して、上書き保存してね。その後、アップロードすれば文字化けは直るはずよ。

◆おすすめはUTF-8

　HTML5ではUTF-8を使用することが推奨されています。UTF-8は「世界中の文字に番号を付けて管理する」という考え方で作られた文字コード規格です。そのため、海外からでも日本語のWebサイトを文字化けなく表示させられるのです。もちろん、この本のサンプルデータもUTF-8です。

UTF-8が推奨されているとはいえ、すでに存在するWebサイトに手を加えるときは、そのWebサイトで使われている文字コード規格に合わせてよね。

さもなくば文字化けに…!
ってCSSちゃん、生放送だからってメイクに気合い入りすぎじゃない?

文字化けは許さないけど、お化粧は化けてなんぼってもんよ。

CHAPTER 5

JavaScript
〜まるで魔法？ 動きを付けるのじゃ〜

SECTION 29 JavaScriptってなに?

webページを作っていくと、HTMLやCSSだけでは実現できないことにぶつかるでしょう。

そこでJavaScriptさんの出番です。

JavaScriptを書くために、特別な環境やソフトはいりません。いきなり書き始められる手軽さが魅力です。

JavaScriptって何者?

スライドショーのように画像が自動で切り替わったり、マウスカーソルを合わせるとメニューが出てくるWebページを見たことはありませんか。これらはJavaScript(ジャバスクリプト)によって作られていることが多いです。

◆JavaScriptはまるで魔法使い

まずはJavaScriptのイメージをざっくりとつかみましょう。

動く仕掛け付き絵本なんて、まるで魔法みたいね!

ふふふ。まぁ大方こんなイメージだと思ってもらってよいじゃろう。

◆HTMLやCSSとの大きな違い

HTMLはマークアップ言語、CSSはスタイルシート言語です。今から学ぶJavaScript(ジャバスクリプト)は、プログラミング言語です。

プログラムという言葉は日常生活で聞いたことがあるはずです。たとえば、運動会のプログラムなら次のように、上から順にやることリストが並んでいますね。

1.入場行進
2.開会式
3.100m走
…

SECTION 29 ● JavaScriptってなに?

　コンピュータの世界のプログラムも同じです。スライドショーを作りたいなら次のように命令することができます。
　①最初はA画像を表示する
　②2秒後、B画像に切り替える
　③5秒後、C画像に切り替える
　…

JavaScriptは「一定時間経過したら画像を切り替える」「ユーザーがマウスを乗せたら画像が拡大される」といったように、**時間やユーザーの動きに対応した処理**ができるのが特徴じゃのう。

HTMLやCSSにはこんな自由度の高いことはできないわ。
私たちの場合、基本的には**書いた通りのものが表示される**だけだもの。
HTML・CSSだけではできないことにぶつかったら、JavaScriptさんの力を借りましょう。

◆ JavaScriptはスクリプト言語

　JavaScriptはプログラミング言語の中でも**スクリプト言語**に分類されます。スクリプト言語とは、プログラムを実行する前にコンパイルという作業がいらないプログラミング言語のことです。

　コンパイルとは、人間が記述したソースコードを、コンピュータが実行できる形式に変換する作業です。たとえば、C言語やJavaは、実行時にコンパイルが必要な**コンパイラ言語**です。

　ちなみに、JavaとJavaScriptは、名前は似ているものの、まったく別のプログラミング言語です。

JavaScriptを書いてみよう

JavaScriptは、テキストエディタとブラウザさえあればすぐに始められます。

◆ 一番簡単なJavaScript

試しに、このような記述をitem01.htmlに書き込んでみましょう。head要素内・body要素内どちらに書き込んでも動作します。

＜実践＞ 「test」という文字をアラート表示させよう　　　　▼item01.html

```
<script type="text/javascript">
<!--
  alert("test");
-->
</script>
```

ブラウザで開いたとき、次のように「test」という内容でアラートダイアログが表示されれば成功です。

他にも、JavaScriptは、次のようなことができます。
- 計算
- クリック時・マウスオーバー時など、イベント発生時の処理の指定
- HTMLの書き換え・追加・削除
- スタイルシートの取得・設定　など

SECTION 29 ● JavaScriptってなに?

◆ よく使う機能は外部ファイル化しよう

　HTMLに直接、書き込む方法を紹介しましたが、JavaScriptは外部ファイルとして読み込むこともできます。JavaScriptのソースコードだけが書かれたファイルを「.js」という拡張子で保存し、HTMLのhead要素内から読み込むだけです。

▼sample.jsというファイルを読み込む場合　　　　　　　　　SOURCE CODE

```
<script type="text/javascript" src="sample.js"></script>
```

CSSと同じように、外部ファイル化して読み込めるのね。

そうじゃ。よく使う機能は外部ファイル化しておくと、複数のページから参照することができるので便利じゃな。

COLUMN　その昔、JavaScriptは敬遠されていた？

JavaScriptはWebサイト制作に欠かせない言語ですが、かつては敬遠されていたこともあるのです。

2000年代前半のインターネット黎明期。ブラウザやサイトの脆弱性を狙い、JavaScriptを使って悪意ある仕掛けを作る人たちが現れました。たとえば、ブラウザの新規ウインドウが無限に開き続けるブラウザクラッシャー、ユーザー情報の奪取などです。

その結果、次のような意識が広がりました。

- JavaScriptはセキュリティー的に危険だからブラウザでオフにしよう
- JavaScriptなしでも閲覧できるWebページ作りをしよう

ところが2000年代後半になると状況は一転、JavaScriptは有用な技術として再び注目されるようになりました。特に、Google Mapsで用いられたJavaScriptの非同期通信を利用する技術「Ajax（エイジャックス）」が脚光を浴びたことが大きいでしょう。

従来の地図サイトは、ユーザーがクリックした位置をサーバーに送信し、地図の画像を作ってもらうという仕組みでした。この方法だと、ユーザーはクリックするたびに画像の表示を待たなければなりません。

一方、Google Mapsは、Ajaxでユーザーのマウスの位置を感知・足りない部分だけをリロードする仕組みを実現しました。

さらに、近年では、サーバー上でJavaScriptを動かせるようにするNode.jsなども注目されています。

一時期は敬遠されていたJavaScriptですが、今となってはWeb界の人気者となりました。JavaScriptの今後の発展が楽しみですね。

SECTION 30 jQueryってなに?

jQueryを召喚すれば、JavaScriptを簡潔・簡単に書くことができるようになります。

このように、本来なら長くなるはずの記述を短く済ませることができます。

jQueryは、CSSのように書けるというとっつきやすさにより、広く浸透していきました。

SECTION 30 ■ jQueryってなに?

📝 jQueryって何者?

jQuery(ジェイクエリー)とは、JavaScriptをより扱いやすくしたライブラリです。

ジョン・レシグ氏というプログラマーが、JavaScriptの中でもよく使われる機能をみんなが使いやすいように部品にしてくれたのじゃ。その部品のセットがjQueryじゃ。

へぇー、それは便利そうね。

jQueryを召喚すると、呪文の詠唱が短くなる。
CSSを書いたことがあるなら、とっつきやすいのではなかろうか。

◆ CSSと似た記述方法

CSSはこのように書きますね。

▼CSSの例　　　　　　　　　　　　　　　　　　　　　SOURCE CODE

```
p.hoge { color: red; }
```

jQueryも、セレクタを使って要素を指定します。

▼jQueryの例　　　　　　　　　　　　　　　　　　　　SOURCE CODE

```
$("p.hoge").css("color", "red");
```

SECTION 30 ● jQueryってなに?

　メソッドでは「何をするか」を指定します。この例だと、「css()」というメソッドを使っています。「css()」というメソッドは、その名の通り、スタイルを指定するためのメソッドです。

単に文字の色を変えるだけなら、jQueryを使わなくてもCSSで十分じゃない?

ぎくっ。お主、鋭いな。その通りじゃ。
こういうのはイベント系のメソッドと組み合わせることで真価を発揮するのじゃ。

- オンマウスしたら　→　文字の色が変わって隠れていたメニューが開いた
- クリックしたら　→　画像が拡大表示された

このように組み合わせることで「ユーザーが何かしたとき、Webページの見た目が変わる」という仕掛けを作れるのじゃ。
次のページでその仕掛けを試してみるかね?

SECTION 31 jQueryのプラグインを使ってみよう

いちから作ると数日かかるような機能でも、公開されているプラグインをダウンロードして使えばすぐに実現することができます。

プラグインには必ず制作者がいます。
無料公開されているものもあれば、有料のものもあります。
必ずライセンスを確認しましょう。

SECTION 31 ● jQueryのプラグインを使ってみよう

ビフォー・アフター

　パーカーのサムネイル画像をクリックすると、半透明の背景が全体に広がり、拡大画像が上乗せ表示されます。

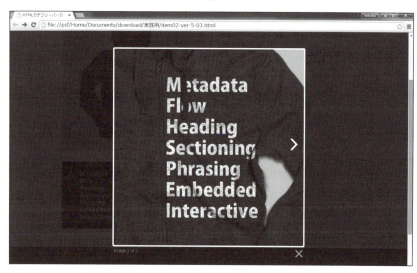

プラグインの1つ「Lightbox」を使ってみよう

世界中のWebデザイナー・Webプログラマーにより、たくさんのjQueryのプラグインが作成・公開されています。

今回は、特に有名なLightboxというプラグインを使ってみましょう。Lightboxを使えば、クリックすると画像が拡大表示する機能を簡単に実装することができます。

◆ jQuery本体を召喚しよう

jQueryを使うときには、まず、jQuery本体をWebブラウザに読み込ませる必要があります。

jQueryを召喚する方法は2つじゃ。

① Googleなどがインターネット上で配信しているjQuery本体を使う方法
② 公式サイトからjQuery本体をダウンロードして、それをサイト内に設置する方法

今回は①の方法でjQueryを召喚するぞ。

head要素内に、次の記述を追加しましょう。

＜実践＞ 色付きの部分を書き込もう ▼item02.html

～省略～

```html
<script
  src="https://ajax.googleapis.com/ajax/libs/jquery/1.11.3/jquery.min.js">
</script>
<link rel="stylesheet" href="css/common.css">
<link href="https://fonts.googleapis.com/css?family=Montserrat"
  rel="stylesheet">
</head>
```

～省略～

これで、item02.htmlでjQueryが使えるようになりました。

SECTION 31 ● jQueryのプラグインを使ってみよう

◆ Lightboxをダウンロードにしよう

次に、jQueryのプラグインの1つ「Lightbox」をダウンロードしましょう。

❶「Lightbox」で検索するか、次のURLをブラウザのアドレスバーに打ち込んで、LightboxのWebページにアクセスし、[DOWNLOAD]（❶）をクリックします。

URL http://lokeshdhakar.com/projects/lightbox2/

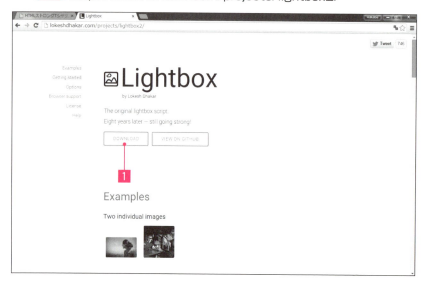

❷ zipファイルがダウンロードされます。ダブルクリックして解凍し、好きな場所に保存しましょう。

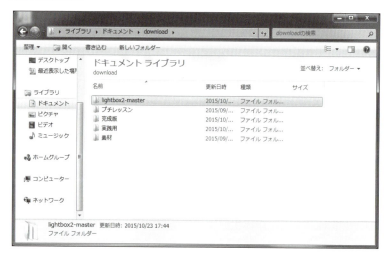

◆ 必要なファイルを選んでこよう

lightbox2-masterのフォルダの中身は次のような構成になっています。

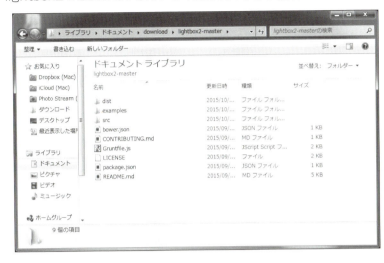

使うのは、srcフォルダの中の次のファイルです。
- cssフォルダ内のlightbox.css
- imagesフォルダ内の4つの画像(閉じるボタン・ロード中・次へボタン・戻るボタン)
- jsフォルダ内のlightbox.js

それぞれ次のフォルダにコピーしましょう。

コピー元	コピー先
srcフォルダ内のlightbox.css	実践用フォルダ内のcssフォルダにコピー
imagesフォルダ内の4つの画像	実践用フォルダ内のimagesフォルダにコピー
jsフォルダ内のlightbox.js	実践用フォルダ内にjsフォルダごとコピー

◆ HTMLからlightbox.cssとlightbox.jsを読み込もう

今の状態だと、item02.htmlとプラグインは繋がっていません。item02.htmlから相対パスでlightbox.cssとlightbox.jsを読み込みましょう。

まず、head要素内に、lightbox.cssを読み込む記述を追加します。

SECTION 31 ● jQueryのプラグインを使ってみよう

＜実践＞色付きの部分を書き込もう ▼item02.html

～省略～

```html
<link rel="stylesheet" href="css/common.css">
<link href="https://fonts.googleapis.com/css?family=Montserrat"
  rel="stylesheet">
<link rel="stylesheet" href="css/lightbox.css">
</head>
```

～省略～

次に、body要素の終了タグの直前に、lightbox.jsを読み込む記述を追加します。

＜実践＞色付きの部分を書き込もう ▼item02.html

～省略～

```html
<footer>
  <p>Copyright &copy; Wakaba shop</p>
</footer>
<script src="js/lightbox.js"></script>
</body>
```

～省略～

これでHTMLファイルから必要なファイルを読み込むことができました。

◆Lightboxを適用する画像を指定しよう

Lightboxの適用方法は簡単です。a要素に「data-lightbox」という属性を与えるだけです。

▼data-lightbox属性の指定 **SOURCE CODE**

```html
<a href="画像のURL" data-lightbox="グループの名前">
  <img src="画像のURL">
</a>
```

SECTION 31 ■ jQueryのプラグインを使ってみよう

　Lightboxはdata-lightbox属性の属性値に同じものがあると、グループとして扱ってくれます。グループ化すると「次の画像へ進む」「前の画像へ戻る」といった、ギャラリーのような見せ方ができます。

＜実践＞ 色付きの部分を書き込もう　　　　　　　　▼item02.html

～省略～

```html
<div class="col quarter">
  <a href="images/item02_sub1.jpg" data-lightbox="detail">
    <img src="images/item02_sub1.jpg" alt="パーカー 生地アップ">
  </a>
</div>
<div class="col quarter">
  <a href="images/item02_sub2.jpg" data-lightbox="detail">
    <img src="images/item02_sub2.jpg" alt="パーカー グレー">
  </a>
</div>
```

～省略～

　左下のパーカーのサムネイル画像をクリックすると、半透明の背景が全体に広がり、拡大画像が表示されます。

SECTION 31 ● jQueryのプラグインを使ってみよう

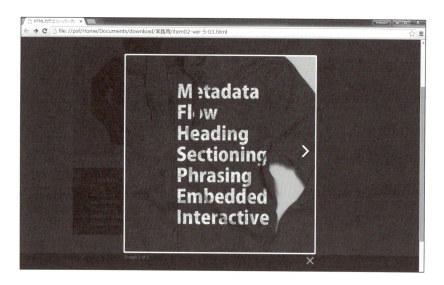

　右の矢印をクリックすると、グループ化された2枚目の画像を見ることができます。

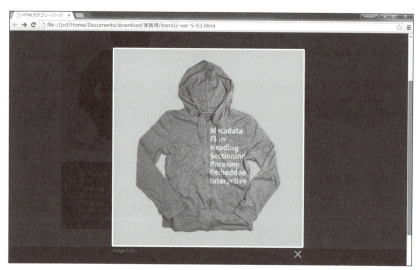

◆ 画像に説明文を加えてみよう

data-title属性を使えば、ポップアップした画像に説明文を追加することができます。

＜実践＞ 色付きの部分を書き込もう　　　　　　　　　▼item02.html

～省略～

```
<div class="col quarter">
  <a href="images/item02_sub1.jpg" data-lightbox="detail"
    data-title="厚みのあるしっかりとした生地です">
    <img src="images/item02_sub1.jpg" alt="パーカー 生地アップ">
  </a>
</div>
<div class="col quarter">
  <a href="images/item02_sub2.jpg" data-lightbox="detail"
    data-title="色違いのグレーもございます">
    <img src="images/item02_sub2.jpg" alt="パーカー グレー">
  </a>
</div>
```

～省略～

画像の左下に「厚みのあるしっかりとした生地です」という説明文が表示されました。

SECTION 31 ● jQueryのプラグインを使ってみよう

わぁ!一気にプロっぽいWebページなった!
jQueryのプラグインっておもしろい!

jQueryのプラグインは星の数ほどあるのじゃ。
もちろん自分でプラグインを作って世界中の人に配布することもできるぞ。

COLUMN　Webデザイナーなら知っておこう！　ライセンスの話

　プログラム・画像素材・フォントなど、すべていちから作るのはとてつもない時間がかかります。フリー素材として配布されているものを使用する場合もあるでしょう。しかし、フリーとは言っても完全に自由に使えるというわけではありません。ほとんどの配布物には、作り手によりライセンスが定められています。通常、ライセンスは配布元のWebサイトやプログラムの中に書かれています。

　今回使ったLightboxの場合は、ダウンロードしたファイルの中に、「LICENSE」という名前のテキストファイルが入っていました。このファイルを見ると、Lokesh Dhakarという方がこのプラグインの著作権者であること、MITライセンスを採用していることがわかります。

▼Lightboxのライセンス

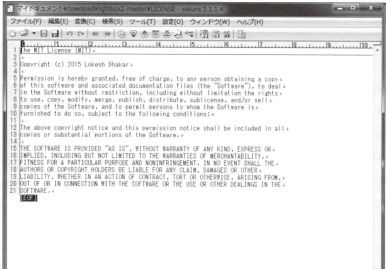

以下に、代表的なライセンスを紹介します。

◆MITライセンス

MITライセンスの概要は下表の通りです。

保障	無保証(すべて自己責任)
商用利用	可能
必要な表記	著作権表示 MITライセンスの条文
ソース	無制限に扱うことができる

MITライセンスでは、次の2点を守れば、複製・改変・再配布・商用利用・販売など、自由に使用することができます。

- すべて自己責任であること
- 再配布時には著作権表示を保持すること

◆GPL(GNU General Public License)

GPLの概要は下表の通りです。

保障	無保証(すべて自己責任)
商用利用	可能
必要な表記	著作権表示 無保証の旨 ライセンス条文
ソース	複製、改変、配布可能(ただし、GPLは継承される)

GPLが定められたソースコードを一部でも使用すると、そのソフトウェアやプログラム自体がGPLとなり、複製・改変・配布を許可しなければならないというルールになっています。

◆Creative Commons(CCライセンス)

Creative Commonsは、写真・フォント・Photoshopのブラシなどに付与されることが多いライセンスです。Webデザイナーは目にすることが多いでしょう。Creative Commonsの概要は次ページの表の通りです。

マーク	意味	説明
(i)	表示	作品のクレジットを表示すること
(¥)	非営利営	利目的での利用をしないこと
(=)	改変禁止	元の作品を改変しないこと
(O)	継承	元の作品と同じ組み合わせのCCライセンスで公開すること

　CCライセンスは著作権者のクレジット表記が絶対条件です。さらに、他の3つのマーク（非営利・改変禁止・継承）を組み合わせることで、作り手の意向に沿ったルールを作ることができるのが特徴です。

　このように、ライセンスによってルールはさまざまです。フリーのプログラム・素材を使うときは、きちんとルールを守り、作り手に敬意を払って使用しましょう。

CHAPTER 6
PHP
〜できることの幅がグーンと広がる言語〜

SECTION 32 PHPってなに?

~PHP〜できることの幅がグーンと広がる言語〜

商品の数が数個ならwebページ作成には
あまり時間はかかりません。しかし、商品
の数が500個、1000個と増えてくるとどう
でしょう。1ページずつ人の手で作成していく
と、膨大な時間がかかります。商品名や
価格を間違えて掲載してしまうミスも起き
るでしょう。

そんなときこそ、PHPをはじめとしたwebプロ
グラミング言語の出番です。
ECショップやwordPressのカスタマイズな
ど、webデザイナーにとっては遭遇率の高い
プログラミング言語です。

PHPの得意分野は、データベースとの連携
です。
一度プログラムを書いてしまえば、データベー
スから必要なデータをもらってきて、大量の
webページを自動で作ることができます。

PHPって何者?

PHP(ピーエイチピー)はWeb開発に特化したスクリプト言語です。では、JavaScriptと何が違うのでしょうか?

◆ PHPはサーバーサイドスクリプト

PHPはサーバー上で動きます。このことから、PHPはサーバーサイドスクリプトと呼ばれています。

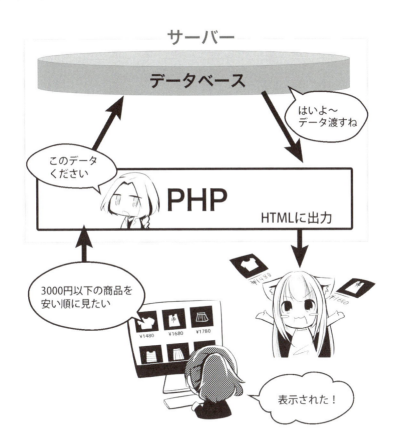

◆ JavaScriptはクライアントサイドスクリプト

一方、JavaScriptはWebブラウザとテキストエディタさえあれば動きます。これは、JavaScriptがサーバー上ではなく、Webブラウザ上で実行されているからです。

SECTION 32 ● PHPってなに?

　Webブラウザ上で動く、つまり閲覧者に近いところで動くということからクライアントサイドスクリプトと呼ばれています。
　ただし、近年では、Node.jsといったJavaScriptをサーバー上で動かせる実行環境も登場しています。

PHPでできること

　PHPを使えば、次のようなWebサービスを作ることができます。どれも、HTMLだけでは実現できないサービスです。

- SNS
- 掲示版
- ブログ
- お問い合わせフォームや申込フォーム
- ネットショップ

◆ PHPは動的ページを作るのが得意

　SNSなら、わかばちゃんがログインすると「こんにちは、わかばさん」と表示され、HTMLちゃんがログインしたときには「こんにちは、HTMLさん」と表示される必要があります。掲示板なら、自分が書き込んだ文章が、すぐにWebページ上に反映される必要があります。
　このように、ユーザーの行動や条件によって内容が変化するWebページを動的ページと言います。反対に、Webサーバー上での処理を必要とせず、いつ誰が見ても同じ内容が表示されるWebページのことを静的ページと言います。

　PHPを使えば、動的ページを大量に作ることができる。

SECTION 32 ■ PHPってなに？

📝 プログラムの基本は「条件分岐」と「繰り返し」

PHPを使えば掲示板やネットショップを作ることができるっていうのはわかったわ。
具体的にはPHPさんはサーバー上でどういうことをやってるの？

やっていること、基本はシンプル。
よくやるのは「条件分岐」と「繰り返し」。

◆ 代表的な処理

代表的な処理は「条件分岐」と「繰り返し」です。

条件分岐は「もし○○だったら△△する」という処理です。

SECTION 32 ● PHPってなに?

繰り返しは同じ処理を繰り返します。

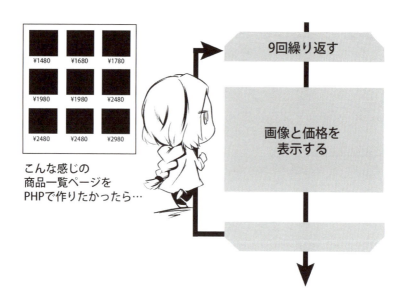

🖋 PHPはデータベースとの連携が得意

データベースは整理整頓されたデータの集まり。エクセルの表のようなものを想像してみて。

▼テーブル名「item」

id	name	price
1001	コーディングTシャツ HTML	1480円
1002	コーディングTシャツ CSS	1480円
1003	ヘッド帽子	3480円
1004	エクストリームビギナーTシャツ	1980円
…	…	…

フィールド(列)

レコード(行)

データが欲しいときは、SQLという命令文を書いて、必要なデータをもらう。

SECTION 32 ■ PHPってなに?

▼SQL文の基本形

```
SELECT 列名 FROM テーブル名 WHERE 条件 ORDER BY 並び順
```

▼テーブル全体のデータが欲しいとき

```
SELECT * FROM item
```

▼3000円以下の商品名と価格のデータを、安い順(昇順)に欲しいとき

```
SELECT name, price FROM item WHERE price <= 3000 ORDER BY price ASC
```

※昇順で並び替えたい場合は「ASC」、降順で並び替えたい場合は「DESC」と書きます。

こうやってデータを取得する。
その後、条件分岐や繰り返しを使って、Webページとして出力する。

PHPはHTMLと仲良し

HTMLの中に埋め込む形で書けるというのがPHPの大きな特長です。HTMLとCSSで作ったWebページの一部に、お問い合わせフォームを取り付けるといったことができるのです。

なお、HTMLの中に埋め込む形で書くには、拡張子が「.php」である必要があります。拡張子が「.html」のページでPHPを動かしたい場合は、別途、Webサーバーの設定が必要です。

わかばちゃんが作ったお問い合わせフォームは、HTMLで書いただけの状態だから今のままじゃ動作しないよね。
そこでPHPを埋め込むと、自動返信メールが届くようにシステム化できるんだ。

メールアドレスや名前は、個人情報。
PHPはいろんなことができる分、細心の注意が必要ってこと、覚えておいて。

SECTION 33 Webデザイナーもプログラミング言語を知っておくといい理由

たしかにwebデザイナーがプログラミングをメインで手掛けることは少ないかもしれませんが…

webプログラマーと一緒に仕事をすることはあるはずです。

仕事をスムーズに進めるためにも、そして自分ができることの幅を広げるためにも、プログラミング言語に触れておくとよいでしょう。

6 PHP 〜できることの幅がグーンと広がる言語〜

SECTION 33 ■ Webデザイナーもプログラミング言語を知っておくといい理由

🔖 Webデザインさえできればいい?

Webデザイナーになったら、Webプログラマーとチームを組んで一緒に仕事をすることになるでしょう。特に、新規のWebサービスを作る場合は、相互での細かなやり取りが必須になります。

「プログラマーがやってくれるだろう」と思って、Webプログラマーに技術的な仕事を全部丸投げしてしまうと…

Webプログラマーの仕事が多くなりすぎてプロジェクト全体の進捗が遅れちゃうわね。

◆ こんなWebデザイナーになればプロジェクトがスムーズに進む

次のようなWebデザイナーになればプロジェクトがスムーズに進でしょう。
- プログラミングの知識がある程度ある。
- 「どんなHTML・CSSなら、Webプログラマーがプログラムを組み込みやすいか?」を想像しながらコーディングする。たとえば、プログラミングの基本「繰り返し処理」を知っていれば、「商品一覧ページで、商品3つごとにdivを挿入する」というのが面倒くさそうなのがわかります。Webページ上の見た目はそのまま、「もっとシンプルなHTMLにできないか? CSSで実現できないか?」と考えましょう。
- 自分でできそうなことはやってみる(簡単なJavaScriptなど)。

プログラミングの知識があれば、Webプログラマーと打ち合わせしているときに「こんな方法はどう?」「それならこうやった方が効率的かも」といったアイデアが生まれやすい。

お互いの得意なところを補完しあっていく感じ、素敵ね!
「私Webデザイナーだからプログラミングのことは知〜らない」ではなく、歩み寄っていくことが大切なのね。

SECTION 33 ● Webデザイナーもプログラミング言語を知っておくといい理由

COLUMN 他にもある！　Web制作に使われている言語

　PHP以外にも、サーバーサイドで動くプログラミング言語は色々あります。各言語を、代表的なWebサービスと合わせて見てみましょう。普段あなたが使っているWebサービスもあるはず！

ジャバ
Java
Twitter　Evernote

ルビー
Ruby
クックパッド　GitHub

パイソン
Python
Dropbox　Instagram

パール
Perl
はてなブックマーク　mixi

　「あのサービスは、この子たちで動いてるんだ」と知るだけでも、プログラミング言語が身近になった気がしませんか。

CHAPTER 7

公開

~ついにWeb上に公開だ!~

SECTION 34 Webサーバーを借りよう

自前でwebサーバーを用意すると、導入費・維持費が大幅にかかってしまいます。

企業が複数のユーザーに貸し出しているwebサーバーをレンタルサーバーといいます。

SECTION 34 ■ Webサーバーを借りよう

無料のレンタルサーバーを借りよう

　レンタルサーバーには、無料のものと有料のものがあります。今回は無料のものを使って、Webページを公開する手順を体験してみましょう。

❶ 下記のURLにアクセスし、左のメニューから特徴・機能一覧(1)をクリックします。

- FC2ホームページ - 無料ホームページスペース
    URL http://web.fc2.com/

❷ ［今すぐ無料版で始める］ボタン(1)をクリックします。

SECTION 34 ● Webサーバーを借りよう

❸ ログインすると次のような画面になります。FC2のログインIDを持っていない場合は新規登録後ログインしましょう。希望アカウント名に入力した文字がそのままURLになります。

❹ 入力を完了させると登録完了画面になります。[ホームページを作成する]ボタン(■1)をクリックします。

❺ 左の設定メニューから[基本設定]（**1**）をクリックします。[ホームページアドレス]と書かれた欄に、「http://希望アカウント名.web.fc2.com/」というURLが表示されているはずです（**2**）。これがあなた専用のURLです。

❻ 今このURLにアクセスすると、FC2が用意してくれたサンプルページが表示されます。

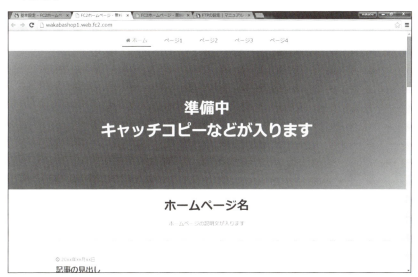

SECTION 34 ● Webサーバーを借りよう

これでサーバーの一画を借りることができたよ!

意外と簡単にできたわね。
で、このサンプルページを私が作ったページに置き換えるにはどうしたらいいの?

そのためには、わかばちゃんのパソコンに入っているHTMLファイルや画像ファイルを、今借りたサーバーの一画に転送する必要があるの。
詳しくは次のページで説明するわね。

SECTION 35 ファイルをアップロードしよう

FTPは通信方式の1つです。
手元のコンピュータから、離れた場所にある
コンピュータにファイルを送り込むことができ
ます。

SECTION 35 ● ファイルをアップロードしよう

🖊 無料のFTPクライアントソフトを手に入れよう

作成したHTMLファイルやCSSファイル、画像ファイルをサーバーへ送り込むには、FTPクライアントソフトを使います。FTPクライアントソフトはいくつかありますが、本書ではFileZilla（ファイルジラ）の使い方を紹介します。

FileZillaには、次の特徴があります。

- 無料
- 日本語対応
- Windows/Mac両対応

FileZillaをインストールするには、次のように操作します。

❶ 次のURLにアクセスします。

　　URL https://osdn.jp/projects/filezilla/releases/

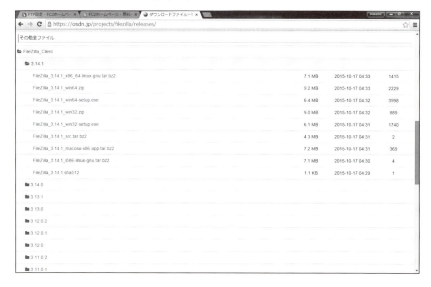

❷ MacのOS Xユーザーなら、末尾が「macosx-x86.app.tar.bz2」と書かれているものをダウンロードしてください。Windowsユーザーなら、OSが32ビット版の場合は末尾が「win32-setup.exe」、64ビット版の場合は「win64-setup.exe」のものをダウンロードしてください（32ビットか64ビットか確認する方法は244ページのコラムを参照）。

❸ ダウンロードしたファイルをダブルクリックすると、次のようなポップアップが出ます。［はい］ボタン（**1**）をクリックします。

SECTION 35 ■ ファイルをアップロードしよう

❹ その後、必要事項をクリックしていき、インストールが完了するとこのような画面になります。[Start FileZilla now]（**1**）をONにしたまま、[Finish]ボタン（**2**）をクリックします。

❺ FileZillaが開きます。

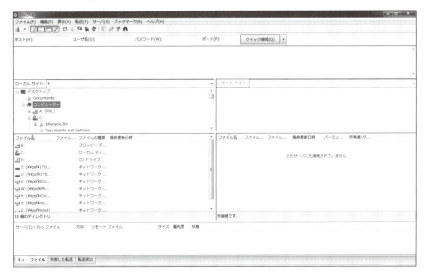

Webサーバーの情報を登録しよう

FileZillaが開いたら、まず、接続先のWebサーバーの情報を登録しましょう。

❶ [ファイル(S)]メニューから[サイトマネージャ(S)](1)を選択します。

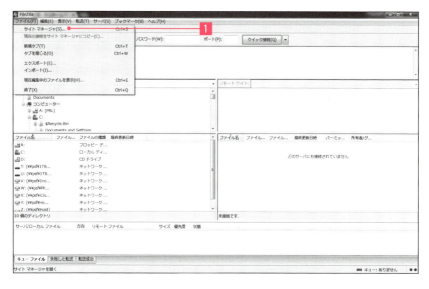

❷ [新しいサイト(N)]ボタン(1)をクリックします。「自分のサイト」の下の階層に「新規サイト」が作成されます。わかりやすいように「shop」という名前を付けましょう(2)。

❸ [ログオンの種類(L)]がデフォルトだと「匿名」になっているので、「通常」に変更します(1)。

SECTION 35 ■ ファイルをアップロードしよう

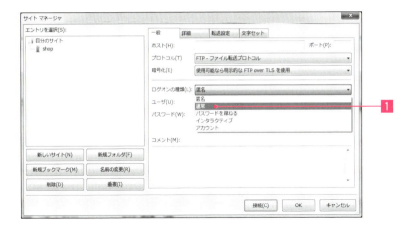

❹ 接続先のWebサーバーの情報を入力するために、先ほど借りたサーバーの情報を確認しにいきましょう。FC2ホームページの、左の設定メニューから[FTP設定]（1）をクリックします。

❺ 対応する情報をFileZillaの入力欄にコピー＆ペーストしていきましょう。

FC2のページ上の表記	FileZillaの入力欄
ホスト名（ホストアドレス）	ホスト（H）
ユーザー名	ユーザ（U）
現在のFTPパスワード	パスワード（W）

SECTION 35 ● ファイルをアップロードしよう

❻ FC2ホームページ上で、[FTP接続ロックしない](■)をONにし、[設定変更する]ボタン(■)をクリックします。

❼ [接続(C)]ボタン(■)をクリックします。

SECTION 35 ■ ファイルをアップロードしよう

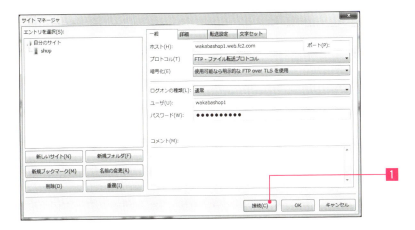

❽ 状態表示ボックスに「状態：ディレクトリ一覧の表示成功」と表示されます。もしうまく行かない場合はホスト名・ユーザー名・パスワードが間違っている可能性があるので再設定しましょう。

これでWebサーバーへの接続が成功した。おめでとう。

SECTION 35 ● ファイルをアップロードしよう

ファイルをアップロードしよう

いよいよWebサーバーにファイルを送り込みます。

❶ しばらく操作せずにWebサーバーの接続が閉じてしまった場合は、「サイトマネージャを開く」アイコンの右隣の［▼］（ 1 ）をクリックし、登録したサイト名をクリックすれば再接続できます。

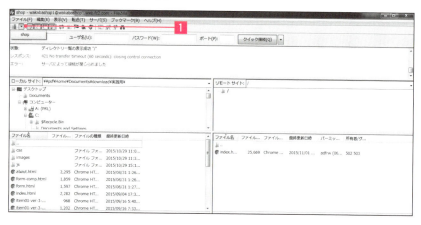

❷ FileZillaの画面の左半分のローカルサイトは自分のパソコンの中、右半分のリモートサイトは遠く離れた場所にあるWebサーバーの中だと思ってください。まず左のボックスの実践用のフォルダの中に入っているファイルをすべて選択します（ 1 ）。そのまま、右のボックスにドラッグ＆ドロップします（ 2 ）。

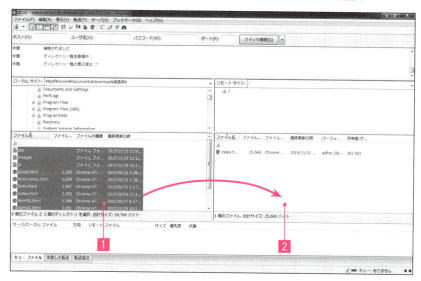

SECTION 35 ■ ファイルをアップロードしよう

❸ ファイルがWebサーバーに転送されていきます。Webサーバー上にも同じ名前のファイルがあると「対象のファイルは既に存在しています」というダイアログが出てきます。[上書き(O)]（■）をONにし、[OK]ボタン（■）をクリックしましょう。

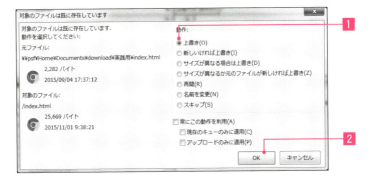

アップロードされたファイルを確認したい？
そんなときは、「ファイルとフォルダの一覧を更新」アイコンをクリックしてみて。
リモートサイトの一覧が更新されるわよ。

SECTION 35 ● ファイルをアップロードしよう

> **COLUMN** Windows OSが32ビット版か64ビット版か確認する方法
>
> あなたのWindows OSが32ビット版か64ビット版かは、コントロールパネルの「システム」で確認することができます。
>
> 　コントロールパネルのシステムを表示するには、Windows 7では[スタート]メニューの「コンピューター」を右クリックし、[プロパティ(R)]を選択します。Windows 8/8.1/10では[スタート]ボタンを右クリックし、[システム(Y)]を選択します。
>
> 　表示された[システム]の[システムの種類]に32ビットか64ビットか、記載があります。

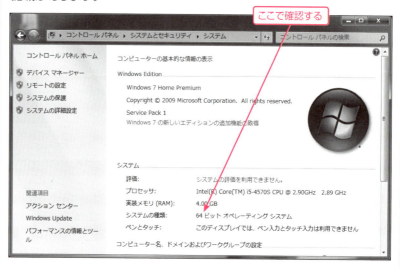

ここで確認する

SECTION 36 Webサイトが公開されたか確認しよう

ついにインターネット上にあなたの作ったwebページが公開されました!

JavaScriptさんは何か企んでいるようですが…?

7 公開〜ついにWeb上に公開だ!〜

SECTION 36 ● Webサイトが公開されたか確認しよう

ドキドキ！　表示を確認してみよう

233ページで確認した「http://希望アカウント名.web.fc2.com/」というURLをブラウザのアドレスバーに打ち込みましょう。

次のように表示されたら成功です！

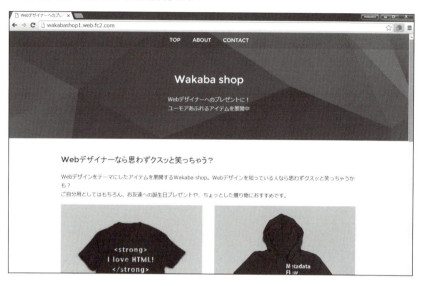

あなたの作ったWebサイトがインターネット上に公開されました。

CHAPTER 8

運用

~Webサイトは公開してからが本番~

SECTION 37 アクセス解析をしてみよう

1日にどれくらいの人があなたのwebサイトに来ているか、気になりますよね。

短いソースコードをHTMLファイルに埋め込むだけで、どれくらいの人がどこから来ているか、手に取るようにわかっちゃうのです。

SECTION 37 ■ アクセス解析をしてみよう

今すぐ始められる！　アクセス解析

「アクセス解析って大きなサイトがやるものでしょ？　個人サイトでやるなんて大げさかな」

いえいえ、そんなことはありません。どなたでも、今すぐに無料で始められます。

アクセス解析をすると何がいいの？

アクセス解析をすると、次のように、いろいろなことがわかります。

- Webサイトに来た人の数
- どこからこのWebサイトにたどり着いたのか
- Webサイト上での行動パターン

あなたのWebサイトに訪れた人の動きを可視化し、改善することで、目的を達成しやすくなります。

 私の目的は「オリジナルグッズを売る」こと。目標数値は「1カ月で売上2万円」よ。

◆ アクセス解析を導入していないと

アクセス解析をしていなかった場合、どうなるのでしょうか？（期間：1週間）

SECTION 37 ● アクセス解析をしてみよう

 何だかよくわからないけど、1週間でTシャツが1枚売れたよ!

 そのお客様は、どうやってわかばちゃんの店を見つけたんじゃろうな?

 さぁ? そんなのわからないわ。
とりあえず、Twitterでの商品紹介を一日5回に増やせば、また売れるかしら。

この状態を、実際に商品を並べて売っている実店舗で喩えるとこうなります。
- 今日の来客数……わかりません
- お客様が店に来た経路……わかりません
- お客様が欲しがっているもの……わかりません

街のケーキ屋さんや、観光地のお土産屋さんを想像してみてください。
「今日は平日なのに、やけに来客数が多いなぁ」
「今日は祝日なのに、雨のせいでお客様が少ないぞ」

このように、自分の店の来客数を大まかに把握しているはずです。さらに、お店に入ってきた人の中で、大体何%の人が購入していくか、何%の人が買わずに出ていくかも知っています。どこから来るお客様が多いのか、どんな状況で何を求めている人が多いのかもわかっているでしょう。

インターネットの場合、アクセス解析を導入していないと、これらの情報がまったくわかりません。すると**なんとなく・とりあえず**の施策を、効果がわからないまま繰り返すことになってしまいます。もし、まぐれで効果が出たとしても、どの打ち手が効いたのかわかりませんから、再現性がありません。

アクセス解析をしていないと

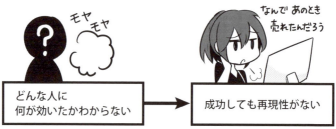

SECTION 37 ■ アクセス解析をしてみよう

◆ アクセス解析を導入していると

では、アクセス解析を導入していると、どうでしょうか？（期間：1週間）

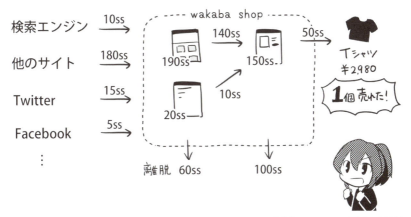

※ss……セッション（単位についての説明は後述）

アクセス解析を導入していれば、見えなかった部分が手に取るように見えるようになります。

アクセス解析をしていると

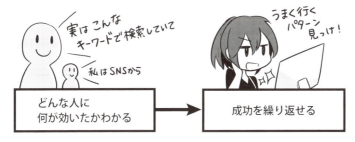

こんなに数字がハッキリわかっちゃうのね。
おもしろそう！　早くアクセス解析してみたい！

SECTION 37 ● アクセス解析をしてみよう

アクセス解析ツールを導入しよう

　世界中で使われている、アクセス解析の定番「Googleアナリティクス」を使ってみましょう。強力な統計機能を無料で利用できます。

　導入方法はとっても簡単。まずGoogleアナリティクスにあなたのWebサイトを登録します。すると、トラッキングコードと呼ばれる短いJavaSciprtのソースコードがもらえます。それを各ページに記述するだけです。さっそくやってみましょう。

❶ GoogleアナリティクスのWebサイトを開き、Googleアカウントでログインします。

　　URL https://www.google.com/analytics/

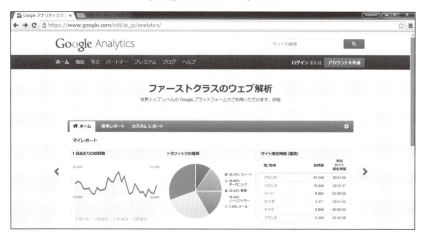

❷ ［お申し込み］ボタン（**1**）をクリックします。

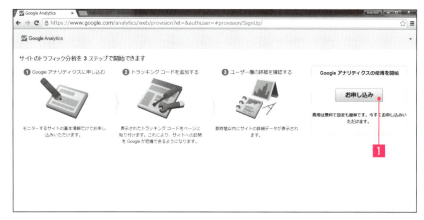

❸ [アカウント名]（**1**）、[ウェブサイト名]（**2**）を入力します。この項目は自由に名付けることができます。今後アクセス解析するサイトが増えたときに判別できるように、わかりやすい名前を付けるとよいでしょう。[ウェブサイトのURL]（**3**）には、あなたのWebサイトのURLをコピーして貼付けましょう。[業種]（**4**）は、選択肢から適切なものを選びましょう。[レポートのタイムゾーン]（**5**）は、日本に設定します。

❹ [トラッキングIDを取得]ボタン（**1**）をクリックします。

SECTION 37 ● アクセス解析をしてみよう

❺ Googleアナリティクス利用規約を確認し、[同意]ボタン(1)をクリックします。

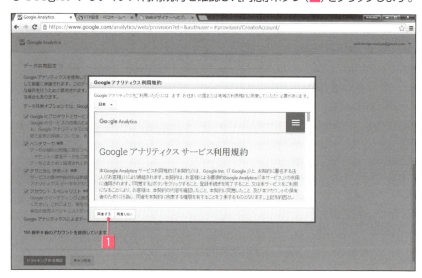

❻ トラッキングコードが表示されます。このソースコードをコピーして、すべての Webページの</head>直前にペーストします。編集し終わったら保存して、CHAPTER 7の要領でHTMLファイルをアップロードしましょう。

これでGoogle アナリティクスの導入が完了しました!

登録してから実際にアクセス数が計測できるようになるまでに、24時間程度かかることがあるぞ。

アクセス解析をしてみよう

Googleアナリティクスにログインしている状態で、上部の「ホーム」タブ（**1**）をクリックして、「すべてのウェブサイトのデータ」（**2**）をクリックしましょう。

◆ アクセス全体をざっくり見てみよう

最初に表示されるのが、ユーザーサマリーです。

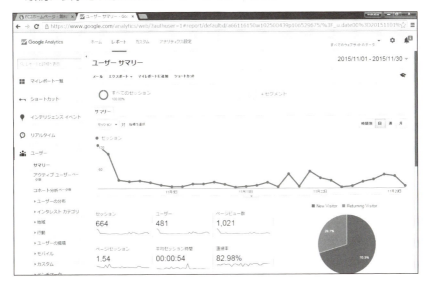

Googleアナリティクス上の表記	意味
ユーザー	訪問者数
セッション	訪問数
ページビュー	ユーザーが表示したページの数（ページが1回表示されるごとにカウントされる）
ページ/セッション	1回の訪問につき、見られたページの数
平均セッション時間	1回の訪問につき、滞在した時間の平均
直帰率	1ページだけ見て帰ってしまったセッションの割合

SECTION 37 ● アクセス解析をしてみよう

ユーザー・セッション・ページビューって何が違うの?

最初はわかりづらいじゃろうて。絵で説明すると、こうじゃ。

昼休み中、ネットサーフィンをしていたAさんは、wakaba shopを見つけて2ページ閲覧しました。

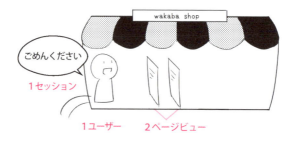

この行動をGoogleアナリティクスで計測するとこうなります。

行動計測	結果
Aさんという人間ひとりが	1ユーザー
1度「ごめんください」と訪問してきた	1セッション
合計2ページ表示した	2ページビュー

簡単ですね。では次の場合はどう計測されるでしょう。

仕事が終わってから「やっぱりさっきのグッズが気になる」と思ったAさんは、もう一度wakaba shopを訪れました。

行動計測	結果
Aさんという人間ひとりが	1ユーザー
2度「ごめんください」と訪問してきた	2セッション
合計3ページ表示した	3ページビュー

訪れたのはAさんという人間ひとりなので、ユーザーは1として計測されます。

ここでセッションに注目してみましょう。セッションの数は「ごめんください」の数だと考えるとわかりやすいでしょう。Aさんは、昼に来た後、夜にも来ました。2度「ごめんください」と言っています。よって、2セッションとしてカウントされます。

なお、もう少し詳しく解説すると、Googleアナリティクスは「ユーザーがWebサイト上で30分以上操作を行わなかった場合、それ以降の操作は新しいセッションとしてカウントされる」という仕組みになっています。

つまり、1人のユーザーが、パソコンの前をしばらく離れる・他のWebサイトへ行くなどしたときは、次のようにカウントされます。

- 20分後に再訪問した場合：1セッション
- 40分後に再訪問した場合：2セッション

期間を絞ってみよう

画面右上の日付（**1**）をクリックすると、カレンダーが開いて自由に期間を設定できます。

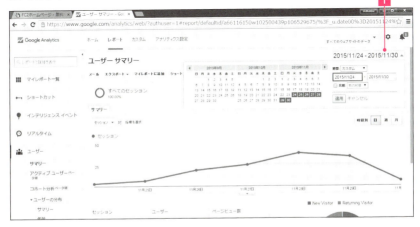

SECTION 37 ● アクセス解析をしてみよう

さらに、比較（**1**）をONにすると、同期間でアクセス数を比べられます。

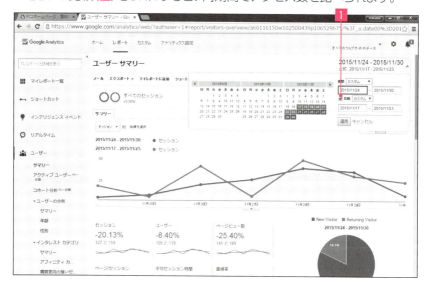

◆ ユーザーがどこから来たのか見てみよう

さて、あなたのWebサイトに来た人はどこからやって来たのでしょうか？集客サマリーを見れば、簡単に流入経路別アクセス数がわかります。

左のメニューバーから、「集客」（**1**）、「サマリー」（**2**）の順にクリックします。

SECTION 37 ■ アクセス解析をしてみよう

代表的なチャネル(流入経路)	意味
Organic Search	検索エンジンからの自然流入
Referral	他サイトのリンクからの流入
Social	TwitterやFacebookなどのソーシャルメディアからの流入
Direct	URLの直接入力や、ブックマークやアプリ経由での流入

どこからどれくらいの流入があるかが丸わかりね。

◆ さらに詳しく分析してみよう

他サイトからの流入(Referral)が1カ月で540セッションありますね。「この540セッションって、具体的にどこのサイトから流入しているんだろう?」と思ったときにはReferralの横棒グラフ(①)をクリックしましょう。

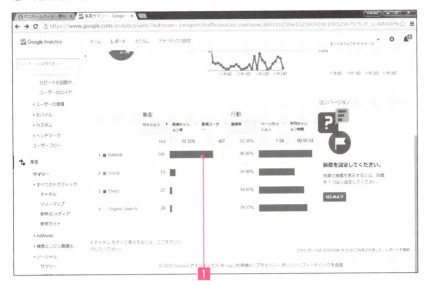

すると、流入元のサイトのURLがずらっと表示されます。

SECTION 37 ● アクセス解析をしてみよう

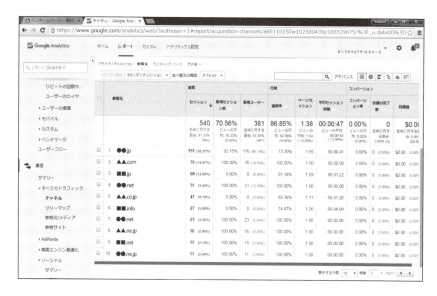

　同じように、Socialの横棒グラフをクリックすればSNSごとの流入数が、Organic Searchの横棒グラフをクリックすれば検索キーワードごとの流入数が表示されます。

知らないURLから191セッションも流入しているわね。

どんなWebサイトか見てみるとよいじゃろう。

あっ、ブログ記事で私の商品を紹介してくれてるわ！　この記事を見た人が私のサイトに来てくれていたのね。

SECTION 37 ■ アクセス解析をしてみよう

目標を登録しよう

Googleアナリティクスがどのようなものかわかったところで、一番大切な目標の登録をしましょう。目標が設定されることではじめてGoogleアナリティクスは真価を発揮します。

❶「アナリティクス設定」タブ(■1)をクリックします。ビューの列から、「目標」(■2)をクリックします。

❷ [+新しい目標]ボタン(■1)をクリックします。

8 運用〜Webサイトは公開してからが本番〜

261

❸ 目標設定画面になります。用意されているテンプレートから選ぶか、自分でカスタムするかを選べます。いずれかを選択後、目標設定・目標の説明・目標の詳細をすべて入力すると、目標が登録されます。

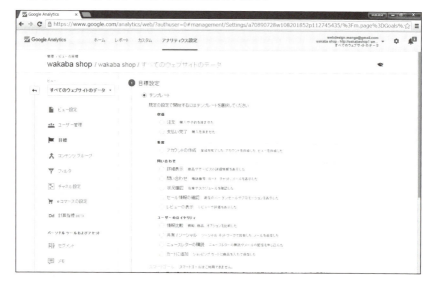

❹ 目標が登録されると、直ちにデータの記録が開始されます。

❺ これで、「レポート」タブ(■)の「コンバージョン」メニュー(❷)が使えるようになり、目標まで到達したユーザーとそうでないユーザーの違いを詳しく分析できるようになりました。

SECTION 37 ■ アクセス解析をしてみよう

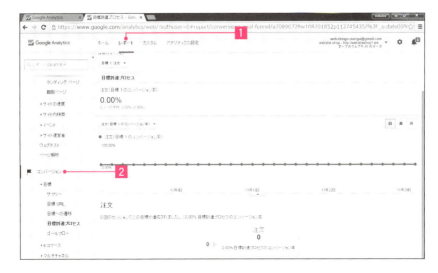

意外と盲点！　自分自身のアクセスを除外しよう

　Googleアナリティクスは、送られてくるすべてのデータを記録していきます。つまり、そのままだと自分自身のアクセスも計測されてしまうのです。

　「先週に比べてページビューが増えたぞ！　…よく見ると、ほとんどが自分自身のページビューだった」とならないために、自分自身のアクセスを除外する設定をしておきましょう。

　自分のアクセスを除外する方法はいくつかありますが、この本ではIPアドレス（ネットワーク上でPC・スマホなどの端末を識別するために割り当てられている番号）で除外する方法を紹介します。

❶ 「アナリティクス設定」タブ（1）をクリックします。アカウントの列から、「すべてのフィルタ」（2）をクリックします。

SECTION 37 ● アクセス解析をしてみよう

❷ [+フィルタを追加]ボタン(**1**)をクリックします。

❸ [フィルタ名](**1**)を入力します。後で見たときにわかりやすい名前を付けましょう。「除外」(**2**)、「IPアドレスからのトラフィック」(**3**)、「等しい」(**4**)の順に選択し、[IPアドレス](**5**)に自分のIPアドレスを入力します。使用可能なビューの欄から、フィルタを適用したいビューを選んで[追加]ボタン(**6**)をクリックします。最後に[保存]ボタン(**7**)をクリックします。

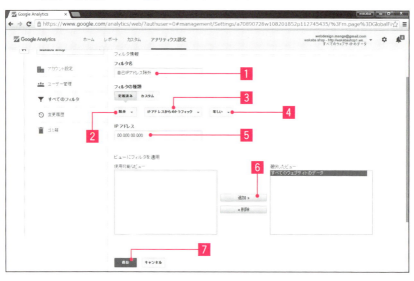

これで、自分のアクセスを除外することができました。

📝 Googleアナリティクスには、他にも便利な機能がたくさん！

今回は基本的な機能に絞って紹介しましたが、Googleアナリティクスには他にもたくさんの機能があります。いろんなボタンをクリックして試してみてくださいね。

まさか、一番多かったのがブログ記事からの流入だったなんてね。

アクセス解析をするまではわからなかったじゃろう。

「とりあえずTwitterでの商品紹介を一日5回に増やそう」なんて言っていた私は、お客様のことを何もわかっていなかったのね。なんだか成長した気分♪

おいおい、数字だけ眺めて満足している場合ではなかろうて。検索エンジンからの流入が少なすぎるじゃろう。

ええ〜!?　手厳しいなぁ。
まぁ、できるものなら検索結果の上位に表示させて、たくさんの人に来てもらいたいけど。
どうやれば順位が上がるかなんて見当がつかないしなぁ。

SEOだな。

えっ？

次のページから正攻法のSEOを教える。

（この二人って、頼もしいけどわりと強引よね）

COLUMN　ページビューのからくり

「10万ページビューを突破しました!」そんな言葉を見かけたことはありませんか？　実は、ページビューはページが1回表示されるごとにカウントされています。

- 次のページを見ても1ページビュー
- 戻るボタンを押しても1ページビュー
- 更新ボタンを押しても1ページビュー

このように、ページを表示するたびに加算されていきます。つまり、1人のユーザーがページを100回表示したら「1ユーザー・1セッション・100ページビュー」という結果になるのです。

この結果をどうとるかは、そのWebサイトがもつ目的次第です。
　たとえば、記事閲覧中に広告をクリックしてもらうことで利益を出すタイプのWebサイトなら、1ユーザーあたりのページビューが増えることは喜ばしいことです。
　はたまた、新規ユーザーの増加を指標にしているWebサービスなら、ページビューよりもユーザー数が増えることを重視するでしょう。

「10万ページビュー突破」という言葉だけを見ると、漠然と「すごい」という感想を持つだけで思考停止してしまいがちです。

- ユーザー数はいくつなんだろう？
- そもそもこのサービスの目的は？
- 期間は？　累計10万と1カ月で10万とじゃ全然違うよね

このような観点を磨くと、Webサイトの分析がどんどん楽しくなってきますよ。

SECTION 38 検索結果の上位に表示するには？ 〜正攻法のSEO

検索しても知りたい答えが出てこないと、別の会社の検索エンジンに乗りかえられてしまうかもしれません。
そのため、検索エンジンは、優先的に**検索者の問いに答えているコンテンツ**を上位に掲載するのです。

検索エンジンの仕組み

あなたのWebサイトを検索結果の上位に表示させるために、まずは検索エンジンの仕組みを知っておきましょう。

検索エンジンは、情報収集するプログラム、クローラーを放ち、世界中のWebページのデータを集めてくるように命じます。

クローラーが集めてきた大量のデータをインデックスに整理して登録します。

アルゴリズムによる採点を元に、Webページが順位付けされ、検索結果に反映されます。

SECTION 38 ■ 検索結果の上位に表示するには?〜正攻法のSEO

📝 SEOってなに?

　SEOとは、Search Engine Optimizationの略で、検索エンジン最適化という意味です。

　では、SEOとは具体的には何をすることでしょうか?

　SEOは10年前は「Webページを最適化すること」でしたが、現在は「検索からの導線を最適化していくこと」です。

SECTION 38 ● 検索結果の上位に表示するには？〜正攻法のSEO

◆ 検索者は答えを求めてやってくる

検索するときの意図の7割は調べものだと言われています。検索窓に向かって、たくさんの人がわからないことを質問し続けているのを想像してください。その質問に対して、検索エンジンは、インデックスされているWebサイトの中から答えになりそうな順に候補を表示します。その中にあなたのWebサイトがあれば、たくさんの人が見に来てくれるでしょう。

検索者の質問に答えるコンテンツを作り、検索エンジンにインデックスしてもらうこと。

これが正攻法のSEOです。

地道にコンテンツを作ることがSEO？　なんだかイメージと違うなぁ。
早くよく効くSEOのテクニックを教えてよ。

何を甘えたことを言っておる。SEOは特効薬ではないぞ。
どちらかというと、毎日こつこつランニングをして基礎体力を高めるようなものじゃ。
インターネットという大図書館に、少しずつでも役立つコンテンツを提供して、検索者の信頼を貯め続けるのじゃ。

それって時間がかかるじゃない。本当はテクニックがあるんでしょ？

テクニック的な対策をしていると、**検索エンジンをだまそうとしている悪いWebサイト**に認定されてしまうかも…。危険…。

◆ 検索エンジンをだますのは、百害あって一利なし！

その昔、テクニック的なSEOは効果があるとされていました。強めたいキーワードを、隠しテキストにして大量に埋め込んだり、不自然なバックリンクを増やしたりといった、検索エンジンの評価ロジックの穴を突くやり方です。これは検索エンジンをだましていることに他なりません。

検索エンジンのアルゴリズムが賢くなることで、それらの行為はどんどん見抜かれていきました。検索エンジンに「このサイトはスパムだ」と判断されてしまったら、順位が下がることはもちろん、最悪の場合インデックスから削除されることもあります。

今有効なテクニックがあったとしても、その手法は近いうちに見抜かれて、意味のないものになる可能性が高い。

◆ 良質なコンテンツを作ろう

たまっていった1つひとつのコンテンツが外から人を連れてきます。人の役に立つコンテンツを貯め続けましょう。喩えるならば、コンテンツを1つ追加するたびに、街のメインストリートに自分の店が近づいていくイメージです。

すぐ効かなくなるかもしれない小手先のタグの調節よりも、長期的に積み上がっていくことをしたほうが、結果的に大きな効果をもたらすのです。

正攻法のSEO。その意味がわかったわ。
正々堂々、コンテンツの質で勝負するわよ!

良質なコンテンツとは

さて、良質なコンテンツと一口に言っても、具体的にはどんなものが良質と言えるのでしょうか。

良質なコンテンツ…良質なコンテンツ…。だめだわ、抽象的すぎて思い浮かばない。

こんなときには逆転の発想です。質の悪いコンテンツを考えてみましょう。

◆ こんな検索エンジンは嫌だ!

たとえば、検索したとき、次のような結果が表示されたら嫌ですよね。

このキーワードで検索したとき	こんな表示結果だったら嫌だ!
「盆栽　育て方」	肥料の商品ページばかり表示されて、肝心の育て方がわからない
「千代田区　ラーメン」	1位から10位まで、同じような店の同じような記事
「母の日　いつ」	数年前の母の日が上位に表示される

こんな結果が表示されたら、「違う、そうじゃない!」と叫びたくなるわ。

どんな結果が出れば、わかばちゃんは嬉しいの?

SECTION 38 ● 検索結果の上位に表示するには?〜正攻法のSEO

◆ こんな検索エンジンなら嬉しい!

検索する人が求めているのは、次のような結果ではないでしょうか。

このキーワードで検索したとき	こんな表示結果だったら!
「盆栽　育て方」	水やり・置き場所・肥料について体系的に書かれた、内容の濃いWebサイトがヒットする
「千代田区　ラーメン」	多種多様なお店・記事がまんべんなく表示される。口コミに基づいたランキングや、個人のレポートブログも見られる
「母の日　いつ」	今年の母の日が上位に表示される

こんな検索結果なら「そうそう、こんな情報を探してたのよ」と嬉しくなるわ。

良質なコンテンツ=「嬉しい」の集合体

実は、わかばちゃんが今、挙げた内容には、良質なコンテンツを作るためのヒントがぎゅっと詰まってるんだ。

◆「嫌だ」を分析すると

先ほどの「嫌だ」の内容を分析してみましょう。

「嫌」な要素	検索者の気持ち
検索者の質問に答えていない	私が知りたいのは肥料のことじゃなくて育て方なんだけど
内容が狭い・浅い	盆栽の育て方を詳しく知りたかったのに、得られた情報は肥料の価格だけ
同じような記事が複数ヒットする（コピーコンテンツ）	他の人のレビューも見て、総合的に判断したいのに。1つひとつクリックしていったのに時間を損した気分
情報が古い	母の日は5月9日なのね。ってこれ2010年の情報だわ！　危なかった

◆「嬉しい」を分析すると

次は「嬉しい」の内容を分析してみましょう。

「嬉しい」要素	検索者の気持ち
検索者の質問に答えている	育て方についてきちんと解説されていて助かった
内容が広い・深い	水やり・置き場所・肥料など、広く深い情報がまとまっていて役に立った
オリジナリティーがある	1位から10位まで1つとして同じ記事はなく、さまざまな視点から人気のラーメン店を取り上げていて、参考になった
情報が新しい	すぐに今年の母の日がわかって便利だった

試しに、好きなキーワードを検索してみてください。上位に表示されているサイトには、共通して「嬉しい」要素が入っていることに気が付くでしょう。

この「嬉しい」要素があればあるほど良質なコンテンツと言えるのです。

どんなコンテンツを作るか考えてみよう

ターゲットがどんな言葉で検索しそうか考えてみましょう。

CHAPTER 1（24ページ）にて、わかばちゃんが作ったターゲット像はこうでした。

SECTION 38 ● 検索結果の上位に表示するには？〜正攻法のSEO

6W1H	意味	想定
Who	誰のためのWebサイトか	Webデザイナーへのプレゼントを探している人
When	いつWebサイトを使うのか	Webデザイナーへのプレゼントで、何か良いものがないか考えているとき
Where	どこでWebサイトを使うのか	自宅のパソコンやスマホで
What	何を提供するか	Web系のネタがプリントされた、このショップにしか売っていないTシャツやマグカップ
Whom	誰が提供するか	Webデザイナーのたまごのわかばが
Why	なぜWebサイトを使うのか	Webデザイナーにあげて喜ぶものを知りたいから・良いものが見つかればプレゼントしたいから
How	どのようにWebサイトを使うのか	今度あの人の誕生日にプレゼントをあげよう→あの人はたしかWebデザイナーだったな→「Webデザイナー　プレゼント」で検索→Wakaba shopを発見→購入

ターゲットは「Webデザイナー　プレゼント」で検索するじゃろう、とな。
お主、なかなか筋がいいではないか。

えへへ。このキーワードでコンテンツを作るならどんなものがいいか、さっきの**「嬉しい」要素**をもとに考えてみるわ。

「嬉しい」要素	提供するコンテンツ	検索者の気持ち
検索者の質問に答えている	50人に聞いた！　Web系の仕事をしている人がもらって嬉しいものランキング	実際にWeb系の仕事をしている人の意見をランキングで知ることができるのは嬉しいな
内容が広い・深い	Web系の仕事をしている人が、実際に欲しいと言ったオフィス用品・ガジェットの他、wakaba shopのオリジナルのグッズの情報もまとまっている	紹介されている商品が偏っていないからありがたいな
オリジナリティーがある	Webデザイナー・プログラマー50人に直撃インタビューした生の声を載せている。もらったプレゼントに対するレビューも掲載している	多くの生の声を知れるのはプレゼント選びの参考になりそう。他のWebサイトにはないコンテンツだな
情報が新しい	1カ月に1回、wakaba shopの新商品が追加される	おっ、更新日が最近だぞ。こまめに更新されているようだし、プレゼント選びに困ったときはまた来よう

SECTION 38 ■ 検索結果の上位に表示するには？〜正攻法のSEO

ほほう、これなら十分**良質なコンテンツ**になるじゃろう。作ってみい。

わーい！　やってみるわ！

COLUMN　検索エンジンは人間に近付こうとしている!?

　人間とは不思議なもので、初めて訪れたページでも数秒閲覧すれば、「このサイトはなんとなく、よさそう」「このサイトは役に立たなさそう」と感覚的に判断ができます。

　ところが、この「なんとなく、よさそう」という感覚を機械に判断させるのは難しいのです。

　その判断ができるように、大量のチェック項目をもってして、検索エンジンは人間に近づこうとしています。

　たとえば、「いくつものブログから紹介されている」「ツイッターなどのSNSで拡散されている」→「人から評価されている」→「良質なコンテンツに違いない」といった具合です。

　検索エンジンの会社の渾身のアップデートが繰り返される度、どんどん「本当に質の良いコンテンツ」が評価されるようになってきています。これは大変喜ばしいことです。

　自作自演の被リンクは新しいアルゴリズムによって見破られ、淘汰されていく、素晴らしい時代です。

いつかSEOのテクニック論的なものが何の意味もないことになったとき。
良いコンテンツは自然と検索結果上位に浮上する仕組みができたとき。
それこそが究極の検索エンジンの姿なんじゃないかな。

SECTION 39 Webサイトの効果が出ないのはなぜ？

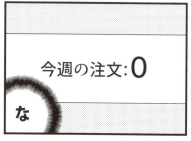

思い通りの結果が出ないとショックですよね。

単に「効果が出なかった」で終わりにするのではなく、要因を分析しましょう。
悪い部分をつぶし、良い部分を伸ばすことで、より効果の出るwebサイトになっていきます。

📝 Webサイトの効果が出ない!

　Webサイト公開後、すぐに効果が出ればよいのですが、そううまくはいかないものです。

ふふふ、コンテンツも作ったし、1カ月で2万円売上なんて余裕かも？　って、今週は1件も注文がないじゃない!

顧客単価を平均2000円とすると、1カ月で2万円売るには、**10件注文が必要**じゃな。

ということは、1週間で2つ以上注文が来てなきゃいけないよね？ あぁ〜、このままじゃ目標達成できない!

　「商品が売れない」「資料請求ボタンを押してもらえない」「お仕事ご依頼フォームを作ったけど、依頼が来ない」という状況で、「このままじゃだめだということはわかるけれど、どこを直せば効果が出るのかわからない」ということがあると思います。

　そんな壁にぶつかったときの考え方を紹介します。

◆ 結果を分解して考えよう

　うまくいっていないときは、結果から目を背けたくなりますよね。実は、そんなときこそ改善のチャンスです。

　「なぜ効果が出ていないのか」を詳しく分解することで、どこを直せばいいのかがわかり、Webサイトをブラッシュアップできるからです。

　それでは、最も基本的な枠組みで分解してみましょう。

- 流入数 ……………………………… お客様がどれくらい流入してきたか
- CV（コンバージョン）………… 目的が達成された数
- CVR（コンバージョン率）……… 流入してきたお客様のうち、目的とする行動をとった人の割合

SECTION 39 ● Webサイトの効果が出ないのはなぜ?

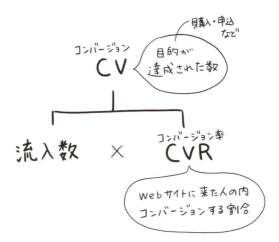

この枠組みに、期間を1カ月として、目標達成に必要な数値を当てはめてみます。

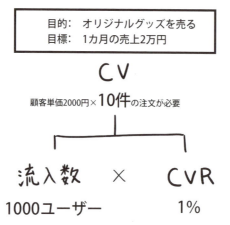

ECサイトのCVRの平均値は2〜3%と言われておる。
今回は、100ユーザーが訪問して1個売れたという事実をもとに、CVRを1%と仮定するぞ。

CVR1%と仮定した場合、月10件注文してもらうためには1000ユーザーの流入が必要だとわかります。

SECTION 39 ■ Webサイトの効果が出ないのはなぜ?

> 1000ユーザー × CVR1% = 10件注文

なお、CVRは、ユーザーではなく、セッションを用いて計算する場合もあります。

直近1カ月の流入数は、**481ユーザー**だったわ。
目標達成のためには、**今の約2倍の流入**が必要ってわけね。

もしくは、**CVRを2%にアップする**という手もある。CVRが2%になれば、月あたり500ユーザーの流入でも目標達成できる。

> 500ユーザー × CVR2% = 10件注文

さて、「流入数を増やそう」「CVRを上げよう」と思っても具体的に何をすればいいかわかりませんよね。そんなときには、さらに分解してみましょう。

▼分解の例

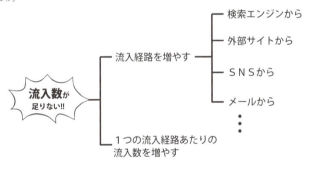

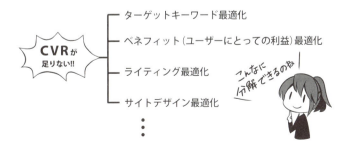

分解したら、実際の数値を当てはめてみます。

すると、異常に数値が少ない部分や、反対に異常によい数値をたたき出している部分が見えてきます。後は、実行時の予測数値が大きい施策から行っていきます。

「売れていない」という情報しかないと何をどうすればいいかわからないけれど、「売れていない理由」を分解することで、問題を分けて考えることができるのね。

次のページでは、継続的にWebサイトを改善していくための考え方を教えるわよ。

COLUMN 他にもある！ お役立ちフレームワーク

あなたがインターネットを使う中で、一度は次のような行動をしたことがあるのではないでしょうか。

- 観光地で友人と遊ぶため、良さそうなレストランを探して予約をする
- ネットショップで衝動買いをする
- 動画サイトの有料会員になる

そのとき、どのような心の動きがありましたか？ 例として、観光地のレストランを予約するときを考えてみましょう。

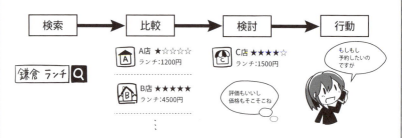

こういった心理プロセスを、アンヴィコミュニケーションズの望野氏が7つに分解しました。それが「AISCEAS（アイシーズ）」というフレームワークで、インターネットにおける消費行動はAttention・Interest・Search・

SECTION 39 ■ Webサイトの効果が出ないのはなぜ?

Comparison・Examination・Action・Shareの順で進むという考え方です。

AISCEASは、Webサイトの改善のための枠組みとして役立ちます。

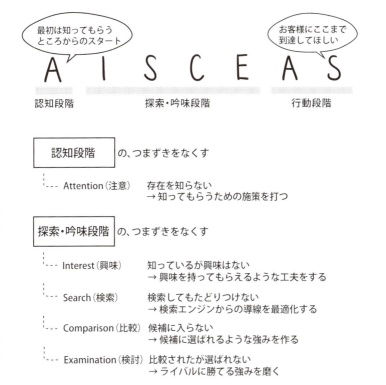

このように分けて考えることで、どの段階でお客様をつまずかせているか分析しやすくなります。こういったマーケティング・戦略系のフレームワークをいくか知っておくと、自分の中に引き出しが増え、Webサイト改善時の心強い味方になってくれますよ。

SECTION 40 PDCAサイクルを回して効果の出るWebサイトにしていこう

わかばちゃんの場合
- 目標数値：検索エンジンから月間519ユーザー集客（481ユーザーに上乗せし、合計1000ユーザーを目指す）
- 数値を達成するためにやること： 新コンテンツを作成する
- 点検方法：アクセス解析ツールで毎日進捗を確認

「50人に聞いた！web系の仕事をしている人がもらって嬉しいものランキング」のページをせっせと作ります。

先週と比べて、検索エンジンからの流入が150ユーザー増えていました。このペースでいくと月間519ユーザー集客は達成できそうです。

Checkで確認した結果をもとに、継続・修正・破棄の3つの内どれか1つを実行し、次のPlanに繋げます。
うまくいっている場合は、継続を選び「同じ方向性で別のコンテンツを作る」といったPlanに繋ぎましょう。

PDCAサイクルとは

　PDCAサイクルとは、Plan、Do、Check、Act、そしてまた次のPlanへとサイクルを回して、継続的に改善していく考え方です。もともとは製造業の品質管理を目的として提唱された考え方ですが、Webサイトの改善にも当てはめることができます。

　このサイクルを回し続けることにより、どんどん施策の精度が増していき、より効果の出るWebサイトになっていきます。螺旋階段のように、目的に向かってぐるぐる上っていくイメージです。

身近なPDCA

　実は、PDCAサイクルは誰でも知らず知らずの内にやっていることなのです。ダイエットで喩えるとわかりやすいでしょう。

▼PDCAサイクルの例

項目	内容
Plan	目的：入らなくなったスカートをはくために痩せる 目標：1カ月で3kg減 点検方法：毎朝7時に体重計に乗り、記録する
Do	おやつ禁止
Check	7日間で100gしか減らなかった このペースだと1カ月で約400gしか痩せられない
Act	食事制限はうまくいかなかったから、運動して痩せる方法に切り替えよう （次のPlanへ）

　PDCAサイクルを回し続けるということ自体、やってみるととても難しいのよ。

　そう？　簡単そうじゃん。

　じゃあ聞くけど、あなた、何回ダイエットのPDCAサイクルを回したのかしら？

　い、1回だけ…。しかも、最近は体重計にすら乗っていないわ。うぅ〜耳が痛い！

SECTION 40 ● PDCAサイクルを回して効果の出るWebサイトにしていこう

PDCAサイクルをWebサイトの改善に当てはめると

PDCAサイクルをWebサイトの改善に当てはめて考えてみましょう。

◆ Plan（計画）

目的に合致した目標数値と、その数値を達成するためにやることを考えます。このとき、忘れがちなのが点検方法も定めておくことです。

たとえば、Web上での集客が目的なら、目標は「セッション数」で、点検方法は「アクセス解析ツールでの日々の確認」になるでしょう。

はたまた、クーポンをWeb上で配布し、実店舗に誘導して客数をアップしたい場合は、目標は「来客数」で、点検方法は「レジで使われたクーポンの枚数の確認」になるでしょう。もちろんクーポン掲載ページのセッション数も1つの指標ですが、この場合はセッション数をメインに置いてしまうと誤った判断をしてしまう可能性があります。「クーポン掲載ページのアクセス数は1週間で3000セッションあったが、実店舗で使われた枚数は0枚だった」というケースもありえるからです。

このように、同じ「Webページを作る」という作業であっても、その目的によって目標や点検するポイントが大きく異なってきます。

PDCAの全体像を見通せるPlanが理想的ですね。

◆ Do（実行）

Planで決めた計画を実行していく段階です。Webページの制作・編集といった実作業はこの段階に当てはまります。自社サービスの制作であっても、他社からの受注制作であっても「今はPDCAのDoをやっているんだ」という認識を持ちながら仕事ができると、ただ作るだけではない、全体感を持ったWebデザイナーになれるのではないでしょうか。

◆ Check（点検・評価）

実は、PDCAサイクルは統計学の観点から作られた考え方です。数値を軸として回していくメソッドなのです。

点検すべき数値が定まっていないと、やりっぱなしになります。「結局、この前作ったWebページって効果がなかったんじゃない?」と想像で評価してしまうことになりかねません。もしかしたら効果があったかもしれないのに、これではもったいないですね。

SECTION 40 ■ PDCAサイクルを回して効果の出るWebサイトにしていこう

　点検すべき数値が定まっていて初めて「予測よりも低い・高い」「このペースなら売上目標を達成できる・できない」といった評価ができ、次のActへ進むことができるのです。

◆ Act（改善・処置）
　Checkで確認した結果をもとに、継続・修正・破棄の3つの内どれか1つを選びます。

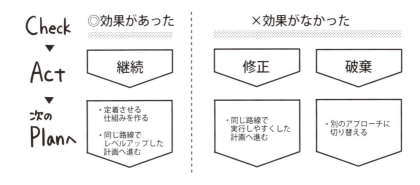

　こうして次のPlanに繋げることで、改善のスパイラルを積み上げていけるのです。

SECTION 40 ● PDCAサイクルを回して効果の出るWebサイトにしていこう

Webサイトは作ったら終わりだと思っていたけれど、全然そんなことなかったわ。
どれだけかっこいいWebサイトでも、効果が出なかったら意味がないものね。

わかばちゃん、最初と比べると、ずいぶん頼もしくなったな!?

うん。みんなが楽しく教えてくれたおかげだよ。ありがとう。

どういたしまして…。

ま、まぁ、私たち4人がかりで教えたんだから当たり前よね。
別に照れてるわけじゃないんだから!

フフフ。これからの成長に期待じゃな。

おわりに

🌱 目指したのはWebデザインの入園ゲート

この本の立ち位置は、Webデザインの入園ゲートだと思っています。Webデザインというテーマパークの入り口です。

テーマパークの入り口が、分厚く重々しい鉄の扉だったら、入場者数は減ってしまうでしょう。キラキラ・ふわふわした綿あめのような扉だったら、早く入りたくてわくわくするでしょう。

ですから、この本では、楽しさ・わかりやすさをとことん追求しました。扉をくぐればしめたもので、その先には限りないWebデザインの世界が広がっているからです。

🌱 「Webデザインっておもしろい」を増やしたい

あなたがこの本を手に取った理由は何でしょうか。

- Webデザイナーを目指しているから
- 仕事で勉強する必要があったから
- Webデザインに興味はなかったけど、キャラクターが気になったから

どんなものであっても構いません。

読み終えた後「Webデザインっておもしろい」とほんの少しでも思ってもらえたなら、それは私にとって大きな喜びです。

私は自分の好きなものに対して「私もそれ好き」と言ってくれる人を増やしたいだけなのかもしれません。

「このグループの音楽、嫌い」と言われるより、「教えてくれたグループの音楽、聴いてみたよ。最高だね!」と言われたほうが嬉しい。

それと同じように、「Webデザインってつまらないね」と言われるより、「Webデザインっておもしろいね!」と言われたほうが嬉しい。

もちろん、人それぞれに好みはあるので、無理に強要するわけではありません。

それでも、あなたが最初に目にするものが「英文の仕様書」なのか、「専門用語が並んだ上級者向けの本」なのか、それとも「マンガで楽しく学べる本」なのかで、それぞれ結果が変わってくると思うのです。

🌱 マンガでわかるWebデザインの誕生、書籍化への経緯

マンガでわかるWebデザインは、noteというSNSから始まりました。

「マンガを読んでいくうちに、Webデザインの知識が自然と身に付くコンテンツがあったらおもしろいな」そう思い付いた私は、仕事外の時間を使って、マンガをnoteに投稿し始めました。

もちろん、最初はフォローも0人、フォロワーも0人。それから数カ月間投稿を続けていくうちに、HTMLちゃんたちのマンガ・イラストを見てくれる方が徐々に増えていきました。

note上でたくさんの方の作品を見て刺激を受けること、また、自分の描いたものに感想をもらえることは、素晴らしい経験でした。私は何かに取り憑かれたかのように、毎日のように投稿していきました。

そんなある日のこと、突然、出版社の方から本を出さないかとお声がけいただきました。驚いたことに、noteやツイッターで更新し続けていたのが、C&R研究所の方の目に留まったそうです。

私は飛び上がって喜び、すぐさま執筆にとりかかりましたが、次第に本を執筆することの難しさを思い知りました。

紙媒体でのアウトプットの特徴、それはインターネットと違って「世に出るまでは、みんなの反応がわからない」「間違っていたとき修正がしづらい」という点です。

「提供する情報が古かったらどうしよう。間違っていたらどうしよう」「この説明文では、かえって読者の方々を混乱させてしまうのではないか」怖くて怖くて、書いては消してを繰り返していたこともありました。

それでも続けてこれたのは「マンガを読んでいくうちに、Webデザインの知識が自然と身に付くコンテンツを作りたい」という気持ちがずっと根底にあったからです。

わかばちゃんやHTMLちゃんたちが、あなたの頭の中に住みついたなら。Webデザインのわくわく感が、一人でも多くの人に伝わったなら。私にとってこんなに幸せな事はありません。

そんな私の想いを汲み取り、書籍出版を決断していただいたC&R研究所の池田武人様、寛容な心で原稿の完成をお待ちいただき数多くの示唆に富む助言をくださった吉成明久様、また、本書の制作に関わってくださったすべての皆様に、尊敬の念とともに感謝を申し上げます。

そして、読者であるあなたへ。Webデザインの醍醐味は、閲覧するだけの立場から、作る立場になれることです。この本を読み終えた今、あなたにはその力があります。さぁ、テーマパークに飛び込んで、Webデザインの自由な世界を楽しみましょう!

Special Thanks

私を育ててくださった諸先輩方
Twitter・note・pplogで応援してくださった皆様
読み手の視点で率直な意見をくださった尊敬する方々・家族
まおー軍(太郎良もえさん・ヤマイシさん・お兄ちゃん師匠さん)
チームmiira(てぃーびーさん・はくどーさん・きゅーいんがむさん)

素材提供

- GraphicBurger
  URL http://graphicburger.com/

　洋服・マグカップのモックアップ素材を、サンプルサイトWakaba shop内で使用しました。
　本書における素材の使用を快諾いただきましたGraphicBurger管理人Raul Taciu様に、心より感謝を申し上げます。

参考文献

本書の執筆に際して、筆者が影響を受けた本です。

『いきなりはじめるPHP　ワクワク・ドキドキの入門教室』
（谷藤賢一・著／リックテレコム）

当時、入社1年目だった私はこの本に出会ったときに衝撃を受けました。

「まず実践、後からなぜ？」を考えるスタイル。プログラミングの先生がつきそって教えてくれているかのような、やさしくて親しみやすい文章。技術書にありがちな「読み進めるのが苦しい感覚」が皆無でした。

なぜこんなにもわかりやすいのか。この本を繰り返し読む中で、私はあることに気付きます。

とことん引き算をしているのです。一見、初心者向けのやさしい本なのですが、その実、不必要な説明を極限まで削ぎ落とした、エッジの効いた本だったのです。

私は、この本に技術書への挑戦を感じました。「私も、いつかこんな楽しくてわかりやすい技術書を書きたい」。その気持ちの原点はこの本にあると言っても過言ではありません。

『「分かりやすい表現」の技術―意図を正しく伝えるための16のルール』
（藤沢晃治・著／ブルーバックス）

尊敬する上司が教えてくれた本です。

「交差点の道路標識、パソコンの説明書、申請書類。世の中にはわかりにくい表現が溢れている。なぜわかりにくいのか・どうやればわかりやすくなるのか」この本には、その答えが載っています。Webデザイナーを目指す人はもちろん、プレゼンテーションや資料作成をする機会がある方にも、おすすめの一冊です。

『数学文章作法 基礎編』『数学文章作法 推敲編』
　　　　　　　　　　　　　　　　　（結城浩・著／ちくま学芸文庫）
　わかりやすく正確な文章を書くための指南書です。推敲のための実践的なノウハウを惜しみなく公開しています。この本で紹介されているノウハウすべてが、本書の中で度々登場する「読者のことを考える」という言葉に集約されます。素晴らしいのは、この本自体が「わかりやすく正確な文章の手本になっている」ことでしょう。
　推敲編 9章に載っている、推敲のチェックリストには大変お世話になりました。

『よくわかるHTML5+CSS3の教科書』（大藤幹・著／マイナビ）
　HTMLの要素・CSSのプロパティを、1つずつ丁寧に解説している本です。「video要素に使える属性って何だろう」「borderプロパティに使える値を全部知りたい」といった、細かな疑問にも答えてくれます。

『Web制作者のためのCSS設計の教科書
　　　　- モダンWeb開発に欠かせない「修正しやすいCSS」の設計手法』
　　　　　　　　　　　　　　　　　（谷拓樹・著／インプレス）
　CSSは、誰にでも簡単に書ける言語です。その反面、何も考えずにルールセットを追加していくと、雪だるま式に無駄な記述が増え、とりかえしのつかないことになってしまいがちです。
　この本では、破綻しにくいCSSの書き方について学べます。中級者向けの内容ではありますが、サンプルとして紹介されているソースコードを1つずつ消化していけば、無駄のないCSSを書く力が身に付きます。

記号・数字

.	163
../	92
*	166
/* ~ */	132
#	161
%	152
<!-- ~ -->	105
_blank	94
@charset	138
!important	159
.js	202
.php	225
3C	40
5F	40
6W1H	25
32ビット	244
64ビット	244

A・B・C

Act	283,285
action属性	116
AISCEAS	280
alt属性	98
article要素	104
Atom	64
a要素	90
body要素	68,70
border属性	113
Brackets	67
br要素	79
Cacoo	44
CCライセンス	217
CERN	57
Check	283,284
checkbox	117
checked属性	118
class属性	107,108
clearプロパティ	181
Coda	67
colorプロパティ	154
cols属性	119
Creative Commons	217
CSS	128,136
CSS3	130
css()メソッド	206
CSSリセット	166
CV	277
CVR	277

D・E・F・G

data-lightbox属性	212
data-title属性	215
Direct	259
div要素	104
Do	283,284
ECサイト	21,22
Edge	64
em	152
email	117
FC2ホームページ	231
FileZilla	236
Firefox	64
Fireworks	45
floatプロパティ	179
font-familyプロパティ	147
font-sizeプロパティ	151
footer要素	101
form要素	116
FTP	235
FTPクライアントソフト	236
Gantter	35
get	117
Google Chrome	64
Google Fonts	144
Googleアナリティクス	252
Googleドライブ	35
GPL	217

H・I・J

h1要素	79
h2要素	79
h3要素	79
h4要素	79
h5要素	79
h6要素	79
header要素	100
head要素	68,70,137,202
hidden	117
href属性	90

INDEX

HTML	57, 58
HTML5	62
HTMLの基本構造	68
IDセレクタ	161
id属性	107, 108
Illustrator	45
img要素	98
input要素	117
Internet Explorer	64
Java	228
JavaScript	199, 221
jQuery	205, 207

L・M・N・O・P

left	179
Lightbox	209
li要素	84, 86
main要素	101
marginプロパティ	174
method属性	117
MITライセンス	217
name属性	116, 118
nav要素	102
none	179
ol要素	87
Organic Search	259
paddingプロパティ	174
password	117
PDCAサイクル	283
Perl	228
PEST	40
Photoshop	45
PHP	221
placeholder属性	118
Plan	283, 284
post	117
px	152
Python	228
p要素	79

R・S・T

radio	117
Referral	259
required属性	118, 119
RGB	154
right	179
rows属性	119
Ruby	228
Safari	64
section要素	103
SEO	62, 267, 269
Social	259
Specificity Calculator	168
SQL	224
src属性	98
Sublime Text	67
submit	117
SWOT	40
table要素	111
target属性	94
td要素	112
tel	117
text	117
textarea要素	119
th要素	112
tr要素	112
type属性	117

U・V・W

ul要素	84, 86
url	117
UTF-8	195
value属性	118
Visual Studio Code	67
W3C	129
WBS	34
Webサーバー	55, 56, 230
Webサイト制作	33
Webサイトのタイプ	21
Webディレクター	33
Webデザイナー	33
Webデザイン	18
Webフォント	144
Webプログラマー	33
Webプロデューサー	33
Webページ	54

INDEX

あ行

アウトライン	103
アクセス解析	249
アップロード	235,242
アラートダイアログ	201
入れ子構造	76
色の指定方法	154
インターネット	54
インデックス	268
インデント	76
インライン記述	137,161
エリア分け	99
大見出し	79
親子関係	47,88
親要素	88

か行

改行	76,79
改善	285
外部ファイル	138,202
拡張子	65
飾り付け	129
カスケーディング	133,134
画像	96
画像編集ソフト	45
カテゴリー	121
空要素	83
擬似クラス	164
行数	119
クライアントサイドスクリプト	221
クラスセレクタ	163
繰り返し	223
グルーピング	47
グループ化	104
クローラー	62,268
クロスブラウザ対応	148
計画	284
検索エンジン	259,268
検索エンジン最適化	62,269
構成図	29,30,43
構造化	59
コーダー	33
コーポレートサイト	21,23
コメント	105,132
子要素	88
コンテンツ・モデル	121
コンバージョン	277
コンバージョン率	277

さ行

サーバーサイドスクリプト	221
直書き	137
字下げ	76
システムの種類	244
自然な発想	47
子孫	88
実行	284
条件分岐	223
詳細度	156,167,168
処置	285
印	107
スクリプト言語	200,221
スケジュール	33,34
スタイルシート	134
スマートフォン	185
静的ページ	222
設計図	42
セッション	255,257
絶対パス	89,93
説明文	215
セレクタ	131
宣言文	70
送信ボタン	117
相対パス	89,91
ソーシャルメディア	259
ソースコード	59,76
属性	83
属性セレクタ	163
属性値	83
外付け	138,141

た行

ターゲット	25
タグ	83
単位	152
段落	77,79
チェックボックス	117
直接入力	259
直帰率	255
ティム・バーナーズ=リー	57

INDEX

データベース	224
テキストエディタ	63,64,71
テキスト入力欄	117
デザイン	46
デベロッパーツール	176
点検	284
店舗サイト	22
動的ページ	222
導入部分	100
登録されている拡張子は表示しない	66
トーン&マナー	49
トラッキングコード	252

な行

ナビゲーション	48,84,102

は行

パスワード	117
パディング	171,174
バリデーション機能	117
パンくず	48
必須項目	118,119
表	110
評価	284
フォーム	114
ブックマーク	259
フッター	101
ブラウザ	63,64,74
プラグイン	207
ブランディングサイト	22
フレームワーク	280
フレキシブル	185
フロート	179
プログラミング言語	199
プロパティ	131
プロモーションサイト	21
文書の階層構造	103
平均セッション時間	255
ページ型	137
ページ/セッション	255
ページのソースを表示	58
ページビュー	255,266
ボーダー	171
ボックスモデル	171

ま行

マークアップ	60
マーケティング	39
マージン	171,174
孫要素	88
回り込み	179
見出し	77
メインコンテンツ	101
メソッド	206
メディアクエリ	185,188
目的	19
目標	261
文字コード	138,193
文字サイズ	151
文字色	153
文字数	119
文字化け	190,193
モバイルSEOガイド	187

や行

ユーザー	255
優先順位	31
ユニバーサルセレクタ	166
要素	83
要素セレクタ	165
余白	171

ら行

ライセンス	216
ライブラリ	205
ラジオボタン	117
リスト	84,86
リモートサイト	242
流入数	277
リンク	57,59,60,89,259
リンク型	138
ルールセット	131
レイアウト	43
レスポンシブWebデザイン	185,187
レンタルサーバー	231
ローカルサイト	242

わ行

ワイヤーフレーム	42

■著者紹介

湊川 あい
(みなとがわ あい)

1989年生まれ。絵を描くWebデザイナー。高等学校教諭免許状「情報科」取得済。
初めてWebサイトを作ったのは中学生のとき。「会ったこともない遠くの人が、作ったものを見てくれるっておもしろい」という気持ちからWebデザイナーを志す。大学卒業後はベンチャー企業に入社。企画・制作・運用まで戦略を一貫させることの重要性を学ぶ。その経験を「マンガでわかるWebデザイン」としてインターネット上に公開していたところ、出版の声がかかる。
マンガと図解の力で、物事をわかりやすく伝えることが好き。楽しみながら学べるコンテンツを制作・配信中。

■Webサイト
　マンガでわかるWebデザイン
　　URL　http://webdesign-manga.com/

■Twitter ID
　@webdesignManga

■執筆記事
　マンガでわかるGit
　（リクルートキャリアWebサイト「CodeIQ Magazine」にて連載）

■本書について
●本書に記述されている製品名は、一般に各メーカーの商標または登録商標です。
　なお、本書では™、©、®は割愛しています。
●本書は2017年8月現在の情報で記述されています。
●本書は著者・編集者が実際に操作した結果を慎重に検討し、著述・編集しています。ただし、本書の記述内容に関わる運用結果にまつわるあらゆる損害・障害につきましては、責任を負いませんので、あらかじめご了承ください。
●本書の操作画面はWindows 7（日本語版）を基本にしています。他の環境では操作が異なる場合がございますので、あらかじめご了承ください。

編集担当：吉成明久　／　カバーデザイン：秋田勘助（オフィス・エドモント）

わかばちゃんと学ぶ　Webサイト制作の基本

2016年 6月20日　　第1刷発行
2022年 4月28日　　第7刷発行

著　者　　湊川あい
発行者　　池田武人
発行所　　株式会社　シーアンドアール研究所
　　　　　新潟県新潟市北区西名目所 4083-6（〒950-3122）
　　　　　電話　025-259-4293　　FAX　025-258-2801
印刷所　　株式会社　ルナテック

ISBN978-4-86354-194-8　C3055

©Minatogawa Ai, 2016　　　　　　　　　Printed in Japan

本書の一部または全部を著作権法で定める範囲を越えて、株式会社シーアンドアール研究所に無断で複写、複製、転載、データ化、テープ化することを禁じます。

落丁・乱丁が万が一ございました場合には、お取り替えいたします。弊社までご連絡ください。